QUE SAIS-JE ?

Les enzymes

JOSEPH STOLKOWSKI
Professeur à l'Université P.-et-M.-Curie

Sixième édition mise à jour

48e mille

DU MÊME AUTEUR

Biologie cellulaire, P.U.F., coll. « Euclide » (en collaboration avec L. HIRTH) ; 2e éd., 1966 (épuisé).

Le calcium et la vie, P.U.F., coll. « Que sais-je ? », n° 757 ; 3e éd., 1981.

Endocrinologie des vertébrés, Vuibert, coll. « De l'Enseignement à la Recherche », 2e éd., 1974.

ISBN 2 13 037689 4

Dépôt légal — 1re édition : 1950
6e édition mise à jour : 1983, février

108, boulevard Saint-Germain, 75006 Paris

INTRODUCTION

L'expérience de la première édition (parue sous le titre *Les diastases*), me conduit à avertir le lecteur que ce livre n'est pas un livre de chimie, mais un livre de biologie. Sans doute est-il indispensable d'utiliser des notions de physique et de chimie dans l'étude des enzymes. Mais l'usage de ces notions n'a d'autre but, ici, que de souligner les mécanismes de fonctionnement de la matière vivante, dans la mesure où nous les connaissons. Ce livre n'est pas non plus, n'est surtout pas un catalogue.

Dans cet esprit, j'ai conservé les grandes lignes du plan que j'avais suivi lors de la première édition, en donnant plus d'importance par la suite aux généralités : cela m'a permis, dès la première partie de l'ouvrage, d'examiner diverses questions biologiques. Ensuite, j'ai essayé d'esquisser les traits principaux du cadre d'action des enzymes : celui des manifestations vitales.

Dans un essai de ce genre, limité aux 128 pages qu'impose le format de cette collection (destinée à un public cultivé certes, mais non spécialisé), on ne saurait creuser tout ce qui mérite de l'être.

Je ne suis pas certain d'avoir réussi à choisir les exemples les plus orthodoxes dans les domaines étudiés, domaines qui couvrent en fait *toute* l'étendue de la biologie et un peu celle de la chimie et de la physique ; je me suis surtout efforcé de mettre les résultats à la portée du lecteur de bonne volonté.

On remarquera encore que la plupart des questions traitées évoluent à une vitesse extraordinaire et que la vérité d'aujourd'hui risque souvent d'être l'erreur de l'année suivante ; il est presque impossible d'être à jour d'une édition à la suivante.

Je ne doute pas par conséquent, que ce travail, tel qu'il est, ne soit encore très imparfait : j'espère toutefois que les commentaires des lecteurs, s'ils veulent bien me les faire parvenir, me permettront de l'améliorer.

Un premier pas avait été accompli dans cette voie et la plupart des chapitres de la première édition avaient déjà été profondément remaniés. Je dois de l'avoir fait aux critiques et aux suggestions d'éminents spécialistes. Je tiens à remercier les personnes qui, à chaque édition, m'ont encouragé à persévérer dans une tâche difficile et m'ont favorisé de leurs conseils ou de leur aide en acceptant de relire certains passages ou en me procurant des documents divers : les professeurs J. Tavlitzky et J. P. Zalta tout particulièrement.

Les dernières éditions ont reçu quelques adjonctions destinées à tenir le lecteur informé de l'évolution des recherches modernes.

CHAPITRE PREMIER

VUE D'ENSEMBLE SUR LES ENZYMES

I. — Des premières recherches à la notion actuelle d'enzyme

Si l'on ne tient pas compte des réflexions antiques dont les Grecs et les Arabes nous ont seuls laissé quelques traces, il faut remonter au XVIIIe siècle pour trouver les premières études rationnelles : Réaumur (1713) et Spallanzani (1783) montrèrent que le suc gastrique des oiseaux pouvait digérer la viande. Kirchhoff en 1814 réussit la première hydrolyse, celle de l'amidon chauffé avec des acides dilués, ce qui donnait du glucose. Il remarqua aussi qu'il se formait un sucre réducteur au cours de la fermentation des graines de céréales ; le même phénomène se produit quand les farines sont préalablement extraites des graines et infusées. Kirchhoff montra en même temps que l'orge germée (malt) pouvait convertir une quantité de matière amylacée fortement supérieure à celle qu'elle renferme naturellement. Mitscherlich, en 1826, met définitivement en évidence l'existence de *ferments solubles*. En effet, les propriétés de l'orge germée sont dues à une *matière soluble* puisque l'extrait de malt possède toutes les particularités du malt proprement dit. Cette substance active, Payen et Persoz la retirèrent du malt, en 1833, et la préparèrent sous forme d'un solide blanc, amorphe, soluble dans l'eau et l'alcool dilué, insoluble dans l'alcool fort :

ils lui donnèrent le nom de *diastase* (du grec : *diastasis* = séparation ; en l'occurrence, séparation « des enveloppes des globules de fécule de leur matière intérieure »). On devait par la suite appliquer cette dénomination à l'ensemble des ferments. Quant à la poudre blanche obtenue par Payen et Persoz, c'était plus précisément ce que nous connaissons à présent sous le nom *d'amylase.*

A partir de ce moment, les recherches sur les enzymes prirent une ampleur considérable : on découvrit des enzymes en séries ; cependant, on n'avait obtenu que des enzymes agissant par hydrolyse lorsque G. Bertrand, en 1894, isola pour la première fois un ferment d'un type nouveau, oxydant : c'était la *laccase*, issue du latex de l'arbre à laque. L'étude de cette enzyme devait fournir la base de nos conceptions actuelles sur la constitution et le mode d'action des enzymes. Nous y reviendrons.

En même temps, Danielewski (1862) inaugurait une technique nouvelle pour séparer l'amylase de la trypsine pancréatique : il opérait par *adsorption sélective*, utilisant pour cela le pouvoir fixateur que possèdent les surfaces de certaines substances vis-à-vis de composés déterminés. La « chromatographie » moderne n'est pas autre chose.

Mais, entre-temps, les travaux de Pasteur sur les fermentations provoquèrent une vive controverse. Prenons le cas de la fermentation alcoolique : c'est un champignon microscopique, la levure de bière, qui la provoque en attaquant le glucose. Ce sucre est dégradé et libère de l'alcool et du CO_2. La levure se développe en l'absence d'air, mais il lui faut de l'énergie pour vivre ; elle la trouve en scindant les molécules de glucose. Un poids minime de levure dédouble une quantité beaucoup plus considérable de glucose. Des phénomènes de ce genre se rencontrent en grand nombre dans la nature et caractérisent les fermentations. Quant aux êtres vivants qui leur donnent naissance, ce sont des cellules : champignons, bactéries ; ils ont donc une forme visible et sont reconnaissables au microscope ; c'est pourquoi on leur avait donné le nom de *ferments figurés*. Pasteur montra qu'à chaque type de fermentation correspond une variété définie de ferments. Ainsi deux notions semblaient s'opposer : celle des ferments solubles, inorganisés, qui auraient été les véritables enzymes, et celle des ferments figurés. Buchner supprima cette opposition en 1897. Il réussit à extraire de la levure de bière un produit qu'il nomma « zymase ». Ce produit possède les mêmes propriétés fermentaires que la levure ; par conséquent, les ferments figurés n'agissent que par l'intermédiaire des ferments solubles qu'ils peuvent synthétiser et il n'existe que des *ferments solubles* ou *enzymes* (de = *en* (dans) et *zumé* = levain : Kühne).

A la même époque, on cherchait à connaître le mode d'action des enzymes. Berzélius (1835), qui rangea les fermentations parmi les processus catalytiques, avait fait à ce sujet la remarque fondamentale. Rappelons que les catalyseurs sont des substances variées, susceptibles par leur seule présence, en quantité infime, d'accélérer considérablement la *vitesse* d'une réaction chimique. Les catalyseurs ne *provoquent pas* une réaction. Ils ne peuvent intervenir que si le phénomène est possible en leur absence, même à très faible vitesse, et les enzymes ne devraient donc pas avoir d'autres possibilités. En fait, il est maintenant démontré qu'il peut se produire des actions de surface susceptibles de *déterminer* une réaction. Pour le reste, la comparaison entre les enzymes et les catalyseurs est à peu près satisfaisante : une faible quantité de ferment peut transformer une masse considérable de matière ; par exemple, l'invertase peut hydrolyser 10 fois son poids de saccharose par seconde. En tenant compte du fait que les enzymes ont un poids moléculaire très élevé (entre 10 000 et 500 000), on peut admettre que 1 mole d'enzyme réagit 1 000 à 10 000 fois par seconde avec le substrat (1). On désigne alors par le *rendement de conversion*, le nombre de molécules du substrat qui sont transformées en une minute par une molécule de l'enzyme. Pour l'invertase, ce rendement sera de 4.10^4 ; pour la carboxylase, agissant sur l'acide pyruvique, de 8.10^2...

Le catalyseur se retrouve chimiquement intact à la fin de la réaction ; si celle-ci est réversible, les vitesses des deux réactions inverses sont également accélérées, mais l'équilibre final n'est pas modifié. Ces phénomènes permettent aux organismes de réaliser à des températures normales des réactions qui n'auraient lieu, *in vitro*, qu'à une vitesse insignifiante ou à des températures beaucoup trop élevées pour les êtres vivants ; les recherches postérieures à Berzélius devaient cependant montrer une différence importante entre les catalyseurs et les enzymes. Le catalyseur minéral est efficace sur diverses combinaisons. Il n'est pas *spécifique* d'une réaction, tandis que les enzymes ne sont efficaces que sur *une* réaction chimique. D'autre part, les enzymes sont des substances organiques et forment dans les liquides des solutions colloïdales ; elles sont sensibles à la chaleur ; de sorte qu'on peut actuellement donner des enzymes la définition suivante, qu'Haldane avait exprimée :

Les enzymes sont des catalyseurs solubles, colloï-

(1) On donne le nom de *substrat* aux substances sur lesquelles les enzymes agissent.

daux, organiques, produits par un organisme vivant. Il faut ajouter que ce sont des *substances thermolabiles, n'agissant que de manière spécifique et capables de fonctionner hors de la cellule.* A part quelques enzymes qui ont gardé des noms particuliers (trypsine, pepsine...), on utilise, pour nommer un ferment, le nom du substrat sur lequel il agit spécifiquement, on évoque son mode d'action et on lui ajoute le suffixe « ase ».

Depuis le début du siècle, les travaux sur les enzymes ont connu un essor formidable qui justifie la création d'une branche spéciale de la science : *L'Enzymologie.* Les recherches ont porté sur le mécanisme d'action, sur les possibilités de synthèse, sur l'influence de divers facteurs physico-chimiques à l'égard de l'activité enzymatique. Quant aux recherches de notre temps, elles sont tellement nombreuses qu'on ne saurait les énumérer. On s'efforce surtout de résoudre les questions de spécificité, de mieux connaître la constitution et le mode d'action des enzymes.

II. — Caractères généraux

1. Préparation des enzymes. — Le mode de préparation dépend de la matière première. Si l'enzyme se trouve dans une *sécrétion*, comme c'est le cas pour les ferments de la salive et du suc gastrique, on peut traiter en général le liquide fermentaire. Mais, très souvent, il est préférable d'utiliser les glandes sécrétrices elles-mêmes. On recueille l'extrait obtenu après broyage dans de l'acétone glacé, on filtre et on dessèche sous vide. On obtient ainsi une poudre « acétonique » qui se conserve facilement. Les extraits de foie ou de pancréas sont préparés de cette manière. Si l'enzyme est diffusible, on pourra l'obtenir, par simple diffusion, à partir du tissu vivant : on prépare ainsi de la maltase et de la saccharase. Mais si elle est fortement liée au cytoplasme, il peut être impossible de l'en séparer : on fait alors agir, pour la mettre en évidence, la poudre du tissu qui la contient.

Lorsque l'enzyme est *intracellulaire*, il faut nécessairement rompre la barrière que forment les parois de la cellule avant l'extraction. On y arrive par broyage au mixer, autolyse par du toluène et parfois par pression accompagnée ou non d'un léger chauffage (cas de la zymase), par traitement à l'acétone et à l'éther ; si toutes ces méthodes sont insuffisantes, on peut faire agir les ultra-sons.

Les préparations contiennent beaucoup d'impuretés qu'il faut éliminer. On y parvient après une série d'opérations au cours desquelles interviennent des *précipitations fractionnées* (que l'on réalise fréquemment à l'aide de sulfate d'ammonium) ; des *adsorptions* (chromatographies), suivies d'élution en milieux dont le pH est adapté à chaque cas ; des *dialyses*, des *centrifugations* ou *ultra-centrifugations*, l'*électrophorèse* (électrolyse d'une solution en courant continu, ce qui provoque la migration des ions vers l'une ou l'autre électrode, suivant leur charge électrique). On évalue les progrès de la purification en suivant l'augmentation d'activité de l'enzyme.

Cependant, on ne peut pousser la purification au maximum, car on aboutit généralement, de manière brusque, à l'inactivation plus ou moins définitive des préparations. Dans l'état actuel de nos connaissances, on ne saurait expliquer nettement pourquoi.

En opérant sur des solutions déjà purifiées, en liqueurs sursaturées ; en combinant éventuellement l'action du froid et des sels, on a pu faire cristalliser un certain nombre d'enzymes. C'est ainsi que Sumner isola l'uréase, en 1926, à partir d'une farine de fève Jack. Les cristaux obtenus étaient octaédriques, ils avaient de 4 à 5 μ et présentaient une activité sept cents fois plus grande que celle de la farine Jack la plus active. La figure 1 représente des cristaux d'uréase et de pepsine.

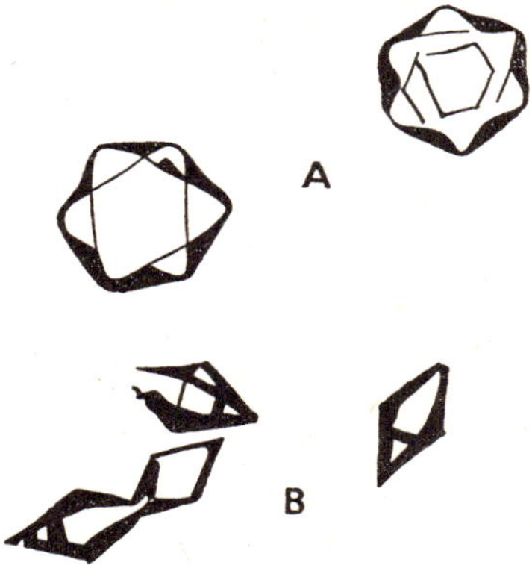

Fig. 1. — A, uréase cristallisée (SUMNER)
B, pepsine cristallisée (NORTHROP)

On connaît de nombreuses enzymes cristallisées ; citons, parmi celles-ci : l'α amylase (1946-1948), la β amylase (1948), l'alcool déshydrogénase (1937), la catalase (1941), l'anhydrase carbonique (1942), l'hexokinase (1946)...

On n'oubliera pas cependant que *la cristallisation n'est pas un critère de pureté*, certaines protéines étant susceptibles de syncristalliser avec la protéine enzymatique.

2. **Propriétés physiques et chimiques.** — *Sèches*, les enzymes se présentent sous forme de poudres

blanches ou bien sous forme de paillettes de couleurs blanche, jaune ou brunâtre. Elles sont solubles dans l'eau et la glycérine (la lipase du ricin ne l'est pas) et sont précipitées par l'alcool, l'acétone, le sulfate d'ammonium.

En solution, les enzymes sont en général peu stables à la température ordinaire. Le pH joue un rôle dans leur conservation, l'enzyme étant plus stable pour certaines valeurs de pH que pour d'autres. On ajoute un antiseptique aux préparations que l'on veut conserver, pour empêcher la destruction de l'enzyme par les microbes. On utilise de préférence le toluène, malgré son action légèrement défavorable sur l'enzyme purifiée.

Les solutions sont toutes colloïdales, et le poids moléculaire des enzymes est très élevé : par exemple, les enzymes d'oxydation ont un poids moléculaire d'environ 80 000, la catalase de 248 000. Les solutions d'enzyme ne sont pas indifférentes au courant électrique. Quand celui-ci traverse une solution enzymatique, le ferment migre vers la cathode s'il est chargé positivement, vers l'anode s'il est chargé négativement. Quand la migration est minima dans les deux sens, on est au point isoélectrique. En ce point, les propriétés physiques telles que la viscosité et la floculabilité des molécules passent par un maximum, de sorte que les protéines précipitent sans dénaturation. Pour chaque ferment, le point isoélectrique se trouve à un pH différent (pHi). Le point isoélectrique de la catalase est à pH = 5,7, celui de la trypsine à un pH qui peut varier de 7 à 8, celui de la papaïne à pH = 9.

3. **Constitution des enzymes.** — L'étude détaillée de la composition chimique des enzymes suppose

que l'analyse s'applique à des corps parfaitement purs. Or, il n'en est rien. Cependant, toutes les enzymes connues sont des protéines, homogènes ou hétérogènes.

A défaut de connaître la constitution intégrale des ferments, on s'est efforcé d'expliquer les particularités des enzymes par le mode de liaison de certains groupements et par la présence de « radicaux actifs » dans la molécule considérée.

Dans cet ordre d'idées, il faut remonter aux expériences de Gabriel Bertrand. Cet auteur avait remarqué que la *laccase* de l'arbre à laque (dont l'action oxydante sur un polyphénol au contact de l'air détermine la formation de la laque), que cette laccase donc, bien qu'elle fût de nature protéique ne montrait d'activité qu'en présence de traces de manganèse. Il en déduisit le schéma suivant, susceptible d'expliquer l'action oxydasique : soit R — Mn la laccase, P le polyphénol (laccol) à oxyder. Il y aurait d'abord action de l'eau :

$$R - Mn + H_2O \rightarrow \underbrace{MnO}_{\text{protoxyde}} + R - H_2$$

Mais en présence d'oxygène moléculaire on aurait :

$$MnO + O_2 + P \rightarrow \underbrace{MnO_2}_{\text{bioxyde}} + \underline{\underline{PO}}$$

Le bioxyde formé serait enfin réduit par l'excès de substance oxydable.

$$MnO_2 + RH_2 + P \rightarrow \underline{R - Mn} + H_2O + PO$$

Dans ces conditions, l'enzyme se retrouve intacte à la fin de la réaction.

On pouvait donc distinguer dans le ferment : une partie active, responsable de l'activité catalytique, la *complémentaire active*, et une partie colloïdale, support de la précédente, la *complémentaire activante* qui pourrait, grâce à sa structure, activer la vitesse de la réaction, en adsorbant la complémentaire active, dont la concentration est très faible, et le substrat, ce qui entraînerait une concentration locale considérable des produits en présence.

Les travaux qui suivirent, notamment la synthèse d'un produit doué de propriétés catalytiques d'oxydation par combinaison d'un sel de Mn et de glycogène, permirent de généraliser la théorie dualistique de G. Bertrand. On désigna alors la « complémentaire activante » sous le nom d'*apoenzyme* ; elle est de nature protéique, colloïdale, non dialysable et thermolabile ; la « complémentaire active » constitue le *groupement prosthétique*. Son poids moléculaire est plus faible que celui de l'apoenzyme ; on le supposait dialysable, de nature *cristalloïdale* et thermostable. A vrai dire, l'obtention d'enzymes cristallisées *indédoublables* parut constituer pendant un certain temps un obstacle à la théorie dualistique. Il n'est pas douteux, en effet, que l'on se trouve là en présence de protéines homogènes.

Mais on a pu ramener l'ensemble des enzymes cristallisées dans le cadre de la théorie dualistique ; soit en considérant que le groupe prosthétique est formé par des ions, Cl^- pour la pepsine, Na^+ pour la trypsine, toujours présents dans le milieu d'action avec le support colloïdal, soit, et surtout, en admettant que les enzymes sont de grosses molécules dont certaines portions seulement sont actives. Si l'on envisage ces portions comme formées par des groupements chimiques du genre $>$ NH, $>$ CO, acide aminé, on doit admettre que ces parties actives sont liées intimement au reste de la molécule ou plutôt en sont une très petite région. On les situe à la surface, d'où le nom de théorie des *surfaces actives* qu'on donne à cette hypothèse. On peut résumer et expliquer la structure et l'activité des enzymes de la manière suivante (fig. 2).

Le point fondamental qu'il convient de retenir est que les enzymes, sans exception, sont des *protéines*, pourvues ou non d'un groupement prosthé-

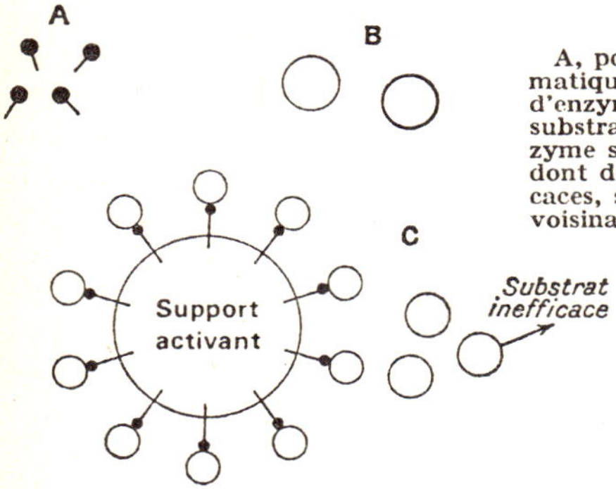

Fig. 2

A, pointes actives, schématiques, de la molécule d'enzyme ; B, molécules de substrat ; C, molécule d'enzyme saturée en substrat, dont des molécules, inefficaces, se trouvent dans le voisinage.

tique (ce dernier étant inactif en l'absence de la protéine).

Il importe donc de connaître la structure des protéines en général. On y distingue une structure primaire représentée par l'ordre dans lequel les acides aminés constitutifs se succèdent dans la molécule. Mais la chaîne des acides aminés peut être *repliée* sur elle-même, contournée de façon plus ou moins compliquée, en totalité ou en partie sous forme par exemple d'une « hélice ». Il y a alors une structure secondaire, tertiaire, parfois même quaternaire. Les chaînes polypeptidiques sont stabilisées sous la forme d'ensemble qui est celle de la molécule par des liaisons entre chaînes, de type covalent (liaison disulfure par ex.) ou par liaison « hydrogène », moins forte que la covalente ou la liaison électrostatique qui existe entre des ions. L'ordre d'arrangement des acides aminés est un caractère spécifique ; quant à la forme prise dans l'espace par une molécule protéique elle paraît déterminée par la nature de la structure primaire et correspond vraisemblablement à la plus stable des innombrables positions possibles. Il y a plus : outre les propriétés physiques ou physico-chimiques, l'activité enzymatique elle-même est fonction de la forme moléculaire. Cela peut être mis simplement en évidence à l'aide d'anhydrase carbonique : selon la manière plus ou moins brutale dont une dilution donnée d'une préparation enzymatique purifiée aura été réalisée, on obtiendra des solutions qui ont des activités différentes pour une *même* concentration finale en enzyme (Stolkowski, 1950 ; Stolkowski et Rosenberg A. J., 1953).

Sous-unités. — Des molécules polypeptidiques sont fréquemment associées pour former une molécule unique plus grosse, grâce à des liaisons hydrogène ou disulfure. Quand il y a deux chaînes on parle de « dimère », de « trimère », s'il y en a trois... Chacune des chaînes constitue une *sous-unité* et l'existence des sous-unités est responsable de la structure quaternaire des protéines. Les enzymes ont fréquemment des sous-unités, la plupart, sinon toutes celles, notamment, qui ont un P.M. supérieur à 50 000. Isolées, les sous-unités peuvent être douées d'activité enzymatique ou être inactives.

Bien des sous-unités ont été identifiées : par exemple la β-galactosidase possède 4 sous-unités identiques avec chacune un site actif. En somme c'est une enzyme du type « polymérique ». La « tryptophane-synthétase » par contre, est faite de 2 molécules de protéine dissemblables liées entre elles. Chacune des 2 molécules a une activité enzymatique intrinsèque, mais seule la molécule comportant les 2 protéines liées d'une certaine façon a une activité de tryptophane-synthétase.

Sites actifs. — Le « site actif » étant défini comme la partie de la molécule enzymatique qui se combine au substrat, il apparaît qu'il existe un petit nombre de sites actifs par molécule, éventuellement un seul, mais il peut y en avoir un nombre considérable réparti sur toute la surface. Les sites actifs représentent une région très étroite de cette surface ; ils peuvent être situés sur le groupement prosthétique quand il y en a un (ce qui facilite l'identification), ou n'être constitués que de quelques acides aminés dans la ou les chaînes polypeptidiques.

Les principales méthodes qui sont mises en œuvre pour dénombrer et identifier les groupes actifs sont les suivantes : 1° Les modifications chimiques de la protéine ; elles peuvent permettre d'identifier les groupes qui réagissent avec le substrat. De ce point de vue on a particulièrement étudié la ribonucléase et la chymotrypsine ; 2° La détermination de la séquence des acides aminés, qui révèle la trame dans laquelle les groupes actifs sont situés ; 3° L'étude cristallographique par les rayons X, qui permet d'établir des structures précises. On a étudié notamment : la ribonucléase, le lysozyme, la chymotrypsine, l'anhydrase carbonique, l'alcool déshydrogénase et l'hémoglobine ; 4° Enfin les investigations de cinétique, qui renseignent sur les modalités de la catalyse enzymatique.

A défaut d'obtenir la structure exacte du site actif on arrive à identifier avec certitude *un* des acides aminés qui sont responsables de la propriété en question ; on a la preuve, par exemple, qu'il y a de la sérine dans le site actif de la trypsine, de la cystéine dans celui de l'alcool déshydrogénase de levure...

Par ailleurs, les groupements prosthétiques étant assez bien connus, il est possible de distinguer, avec Florkin, parmi les enzymes :

1° *Des hétéroprotéines* dont le groupement prosthétique est un dérivé d'hème. Exemple : la cytochrome-oxydase, la catalase, la peroxydase...

2° *Des holoprotéines*, dont l'hydrolyse ne fournit que des acides aminés. C'est le cas des enzymes cristallisées.

3° *Des métalloprotéines*, dont le métal constitue le groupement prosthétique, ou fait partie du groupement prosthétique. Dans la carboxylase, on trouve du magnésium, que l'on peut séparer par dissociation. Dans l'anhydrase carbonique, il y a du zinc, mais fortement lié à l'apoenzyme : on ne peut l'en séparer qu'en dénaturant l'enzyme par des réactifs appropriés. Dans les peroxydases et la catalase, il y a du fer ; du cuivre dans certaines polyphénoloxydases.

4° *Des enzymes à coenzymes*. Le terme de « coenzyme » fut d'abord utilisé par G. Bertrand pour désigner les ions inorganiques qui activaient les enzymes. De nos jours, ce terme s'applique à des *substances organiques*, thermostables et dialysables, qui sont indispensables au fonctionnement de certaines enzymes. *Autonomes* par ailleurs, et sans effet catalytique propre, les coenzymes forment avec la protéine-apoenzyme, inactive, un complexe réversible, actif. Elles ont donc, *dans ce seul cas*, une action catalytique. L'importance énorme qu'ont ces substances dans la vie de la cellule (elles y sont de 100 à 1 000 fois plus concentrées que les apoenzymes), justifie qu'on leur consacre quelques lignes spécialement.

4. Les coenzymes. — Il est d'usage de ranger parmi les principales coenzymes :

A) *Les pyridine-nucléotides.* — Ces composés libèrent à l'hydrolyse une molécule d'adénine, une de nicotinamide, deux molécules de ribose et deux ou trois molécules d'acide phosphorique.

a) La **diphosphopyridine-nucléotide** ou *NAD* (nicotinamide adénine dinucléotide) a été découverte par Harden et Young en 1904 ; en dialysant du suc de levure, qui contient la « zymase », ensemble d'enzymes susceptible de provoquer la fermentation du sucre, ces auteurs isolèrent la « cozymase » dont la structure fut établie plus tard. On peut la représenter schématiquement comme suit :

Nicotinamide	Adénine		N	A
|	|		|	|
Ribose	Ribose	ou	R	R
|	|		|	|
ac. phosphorique —	ac. phosphorique		P —	P

c'est un dinucléotide (1).

b) La **triphosphopyridine-nucléotide** ou *NADP* a été isolée des globules rouges par Warburg et Christian en 1933. Le NADP ne diffère du NAD que par la présence d'un troisième radical phosphorique lié à l'un des riboses.

N	A	
|	|	
R	R —	P
|	|	
P —	P	

Ces 2 coenzymes donnent leur activité à un certain nombre de déshydrogénases, car elles sont susceptibles d'exister sous la forme « oxydée » NAD ou NADP et sous la forme « réduite » NADH et NADPH (voir plus loin). On les trouve toutes deux dans les tissus les plus variés, de ceux dont l'activité métabolique est élevée chez les organismes supérieurs et chez de nombreux microorganismes.

Warburg et Christian ont montré que l'hydrogénation et la déshydrogénation portent sur le groupement nicotinamide.

(1) On donne le nom de nucléotide à un composé qui contient une base, adénine par exemple, liée à un sucre (tel que le ribose) et à un reste phosphorique.

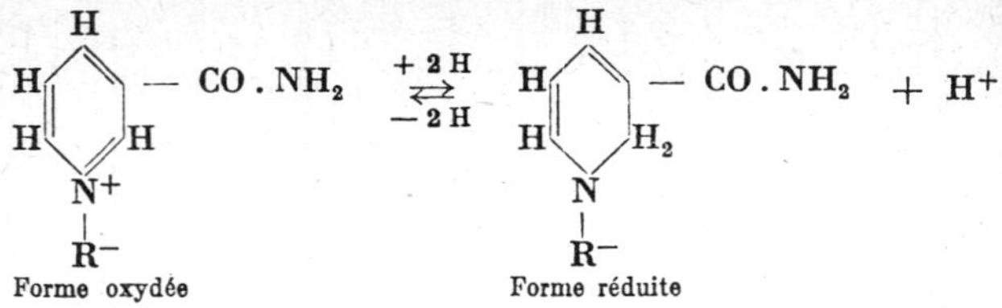

Mais, selon Colowick, on aurait, pour la forme réduite :

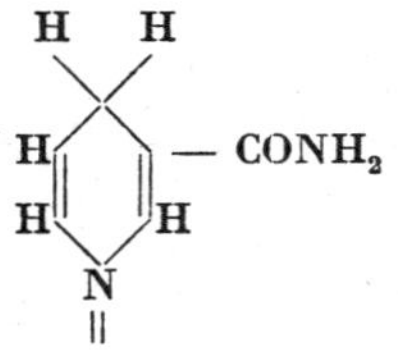

La nicotinamide constitue donc le *groupe actif* des coenzymes NAD et NADP. Par ailleurs, la nicotinamide s'identifie à l'une des vitamines du groupe B : la vitamine *antipellagreuse ou PP.*

B) *Les nucléotides à riboflavine*, coenzymes des « ferments jaunes ».

Les *flavines* sont des substances jaunes qu'on peut extraire des bactéries, des plantes, des animaux. Combinées à des protides, elles constituent des *protéoflavines*, douées de propriétés enzymatiques et qu'on appelle encore des ferments jaunes. En fait, les protéoflavines ont une fraction jaune, commune, qui contient un groupement isoalloxazine combiné au ribitol ; c'est la ribo (ou lacto) flavine, qui n'est autre que la vitamine B_2. Phosphorylée, elle constitue un mononucléotide (1) qui peut se

(1) Le ribitol est un alcool, non un sucre. Malgré cela, par analogie avec les véritables nucléotides, on garde l'habitude d'appeler ce corps un « nucléotide ».

combiner à une protéine : la flavine mononucléotide *(FMN)*.

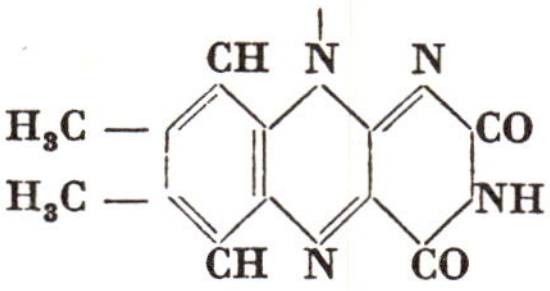

Isoalloxazine

C'est la coenzyme, par exemple de l'ancien ferment jaune, susceptible de déshydrogéner NADPH et NADH ou de la l-amino-acide oxydase qui agit sur les l-amino-acides.

Mais on connaît aussi des flavines dinucléotides dont la constitution rappelle celle des coenzymes à nicotinamide. La flavine adénine-dinucléotide ou *FAD* peut donc se représenter ainsi :

Isoalloxazine - ribityl - phosphate
|
Adénine - ribose - phosphate

c'est la coenzyme de ferments tels que la glucose déshydrogénase, les diaphorases I et II, la nitrate réductase...

Notons qu'on a récemment trouvé divers métaux : fer, cuivre, molybdène, dans certaines flavoprotéines.

Les flavoprotéines ont la propriété de se réduire et de s'oxyder réversiblement avec facilité. Elles fixent de l'hydrogène. Les flavines oxydées peuvent être réduites par les coenzymes réduites ; puis, elles cèdent leur hydrogène soit à *l'oxygène de l'air directement*, soit aux formes oxydées de certains pigments : les cytochromes.

C) *Le phosphate du 5-pyridoxal*, dont la formule est la suivante :

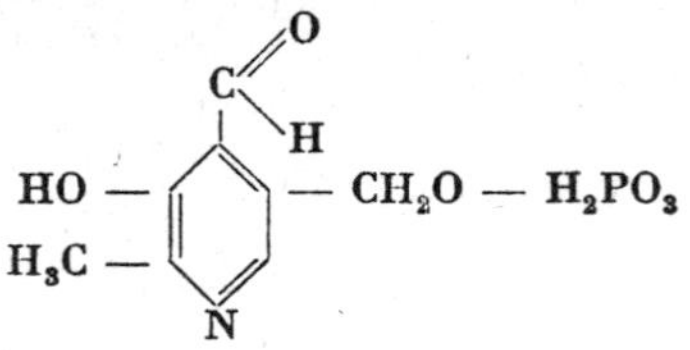

est le coferment de la décarboxylase des acides aminés, des *transaminases*, qui permettent le transfert du radical — NH_2 d'un acide aminé à un acide cétonique et de la racémase de l'alanine, qui catalyse la réaction :

$$\text{D-alanine} \rightleftarrows \text{l-alanine}$$

Le pyridoxal est une des formes de la vitamine B_6. Son mode d'action est inconnu.

D) *La cocarboxylase.* — C'est le coferment des décarboxylases (décarboxylases des acides cétoniques), enzymes qui forment la majeure partie du CO_2 dégagé dans la respiration des organismes et celui de la fermentation alcoolique sous l'influence des levures.

$$\underbrace{CH_3 - CO - COOH}_{\text{acide pyruvique}} \rightarrow \underbrace{CH_3 - CHO}_{\text{acétaldéhyde}} + CO_2$$

La cocarboxylase est constituée par du pyrophosphate de thiamine (ou d'aneurine = *vitamine* B_1).

E) *La coenzyme A* ou coenzyme d'acétylation.

L'acide acétique est un des métabolites les plus importants : il intervient dans de nombreuses réactions ; et pourtant, ni l'acide acétique, ni l'acétate ne réagissent facilement. Pour agir, l'acide acétique doit être engagé dans une combinaison transitoire plus réactive : l'acétyl-phosphate

$$CH_3 - COOPO_3H_2$$

Celui-ci se synthétise quand l'acide acétique est traité, en présence des enzymes appropriées, par de l'acide adénosine-triphosphorique (ATP) (1). La liaison phosphorique de l'acétyl-phosphate est riche en énergie, qui sera libérée éventuellement au cours des réactions. On symbolise cette propriété en écrivant l'acétyl-phosphate

$$CH_3 - COO \sim PO_3H_2$$

En présence de *transacétylases*, l'acétate ainsi « activé » est capable d'acétyler toute une série de substances, mais à condition qu'il y ait dans le milieu réactif de la coenzyme A ou CoA.

La CoA a d'abord été trouvée dans les extraits de levure, mais elle existe dans tous les organes animaux et dans de nombreux microorganismes, tels que les bactéries, les levures, les champignons.

Sa formule est connue. On y trouve une 3'-phosphoadénosine-diphosphate (en somme un triphosphate d'adénosine) *liée à la pantathéine* (thio-éthanol-amine et acide pantothénique). La molécule possède un groupe — SH en extrémité de chaîne.

On remarquera que l'acide pantothénique est encore une des vitamines du groupe B.

On peut considérer comme un véritable acétate activé, la CoA acétylée : *acétyl-CoA*.

F) *Les coenzymes Q* (ou ubiquinones) : ce sont des quinones dont la structure chimique correspond à une p. benzoquinone substituée par quatre groupements : un groupe méthyle en 5, deux groupes

(1) L'ATP contient : adénine-ribose-ac. phosphorique-ac. phosph.-ac. phosph.

méthoxy (2-3) et une chaîne polyisoprénique (6) ce que l'on peut représenter de la manière suivante :

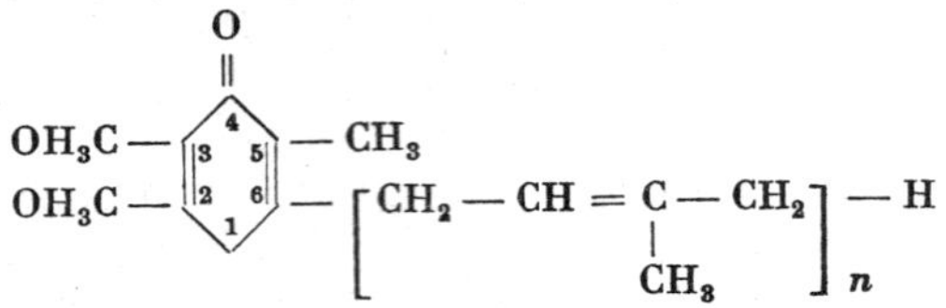

n varie de 6 à 10 selon l'origine de l'ubiquinone. Si $n = 10$ par exemple, on aura le CoQ_{10} ; si $n = 5$ le CoQ_5.

On trouve les coenzymes Q dans les mitochondries. Leur propriété fondamentale est d'être facilement et reversiblement oxydées et réduites, ce qui conduit à penser qu'elles jouent un rôle dans les réactions d'oxydation cellulaire, sans qu'on ait pu préciser encore en quel point.

G) La *biotine* : il se pourrait que cette substance qu'on rattache au complexe vitaminique B soit la coenzyme de certains ferments, en particulier d'une décarboxylase de l'acide oxalo-acétique.

H) Il est d'usage d'ajouter aux coenzymes citées :

a) *L'acide lipoïque*, qui sert d'agent de transfert au CoA des groupes « acyl » (acétyl ou succinyl) ainsi que d'accepteur d'électron. Les deux fonctions sont synchronisées. L'acide lipoïque peut exister sous la forme oxydée L<(S—S) et sous la forme réduite L<(SH)(SH).

b) *L'acide folique*. — C'est une vitamine du groupe B, qui peut être réduite en acide tétrahydrofolique (FH_4). L'acide folique joue le rôle de coenzyme dans les opérations qui conduisent à l'intégration de groupements chimiques contenant un seul atome de carbone au cours de la synthèse des purines, pyrimidines, acides aminés et acides nucléiques.

On retiendra en tous cas que les recherches sur les enzymes ont permis de rendre compte du mode d'action de certaines vitamines.

III. — Les conditions d'action et la catalyse enzymatiques

1. Les facteurs qui agissent sur l'activité enzymatique.

A) *L'activité enzymatique.* — Les facteurs qui agissent sur l'activité enzymatique sont assez nombreux : on ne saurait s'en étonner si l'on veut bien se rappeler que le ferment est un composé protéinique, et que cela lui confère une sensibilité particulière. Les méthodes de caractérisation quantitative de l'activité enzymatique, bien qu'elles relèvent de quelques principes généraux, n'en sont pas moins extrêmement variées et diffèrent avec l'enzyme étudiée, chaque auteur pouvant utiliser l'unité qui lui convient.

La manière la plus rationnelle d'exprimer l'activité d'une enzyme sera de ramener les mesures à l'estimation d'une *vitesse de réaction*, ou plutôt de la *constante de vitesse* de la réaction catalysée. En réalité, toutes les autres conditions étant fixées, comme la vitesse de réaction est proportionnelle, au moins dans certaines limites, à la quantité de catalyseur présent dans le milieu, on peut effectuer les mesures en évaluant la *quantité de substrat transformé par seconde*, ou le *temps nécessaire à la réalisation d'un changement déterminé*. Dans ce dernier cas, il ne faut pas oublier que la quantité de substrat considérée, la quantité de produit formé, le changement de pH... peuvent agir sur l'enzyme, et avant de citer un chiffre, il est nécessaire de faire plusieurs expériences pour prouver que l'enzyme est restée stable dans les conditions choisies. Aussi préfère-t-on apprécier le *changement chimique réalisé, au début de la réaction, dans le plus petit espace de temps possible.* Les variations susceptibles de se produire dans la composition du mélange sont alors négligeables. L'idéal par conséquent, consiste à mesurer la vitesse initiale. De toute manière, il faut préciser, à chaque définition, les conditions de concentration du substrat, la température, le pH... auxquels on opère. Après quoi, il est possible d'exprimer *l'activité*, autrement dit le nombre d'unités de l'enzyme par unité de poids ou de volume de la préparation. Les différentes unités utilisées pour une enzyme ne sont pas comparables ; les coefficients que certains auteurs ont cru pouvoir signaler pour passer d'un système à un autre ne peuvent être pris en considération. A titre d'exemple, voici comment Willstätter, Waldschmit-Leitz... définissent *l'unité de lipase.* « C'est la quantité de lipase qui peut hydrolyser 24 % de 2,5 g d'huile d'olive en une heure, à 30°, au pH initial de 8,9, en présence de 15 mg d'albumine et de 10 mg de chlorure de calcium. Le volume total en expérience doit être de 1,3 cm^3. »

B) *L'influence des concentrations de l'enzyme et du substrat.* — En général, la vitesse de réaction est proportionnelle à la concentration de l'enzyme, à condition qu'il y ait un optimum ou un excès de substrat ; sinon la vitesse devient indépendante de la quantité d'enzyme présente : le substrat est « saturé » en enzyme. Inversement, si l'on fait agir une dose constante de ferment sur des quantités croissantes de substrat, on constate, si l'on part de concentrations en substrat qui ne sont pas trop petites (ce qui ne permettrait pas à toute l'enzyme de réagir), que la vitesse de réaction est proportionnelle à la quantité de substrat au-dessous d'une certaine limite, mais indépendante de la concentration au-dessus de cette limite : l'enzyme est « saturée en substrat ».

En présence d'un excès de substrat et suivant le pH, le rendement peut même diminuer. L'action du milieu peut s'exercer aussi d'une autre manière. La présence ou l'absence de certains électrolytes ont une influence considérable sur l'activité enzymatique. En l'absence d'électrolytes neutres, l'amylase pancréatique est pratiquement inactive, alors que de très faibles concentrations en chlorure de sodium la rendent considérablement plus active. Le degré d'activation varie avec la nature de l'électrolyte.

C) *Influences du pH et du* rH_2. — L'activité catalytique des enzymes varie avec le pH. D'abord, cette activité croît, passe par un maximum pour le pH optimum et diminue jusqu'au moment où elle s'annule (fig. 3).

L'optimum peut varier pour une même enzyme avec la nature du substrat attaqué ; avec l'origine de l'enzyme : le pH optimum d'action de l'amylase n'est pas le même si ce ferment est extrait du malt ou du suc pancréatique ; avec la température : de 4,4 à 40°, le pH optimum de l'amylase du malt passe à 6 à 60° ; avec les sels présents : c'est ainsi que le pH optimum de l'amylase salivaire passe de 6 à 6,7 en présence de chlorures. Enfin, la concentration du substrat n'est pas sans influencer le pH optimum.

Si l'on remarque que les propriétés des solutions de protéines ou d'acides aminés telles que la solubilité, la pression osmotique... passent aussi par un maximum ou un minimum au pH isoélectrique, il ne paraît pas illogique d'assimiler les solutions

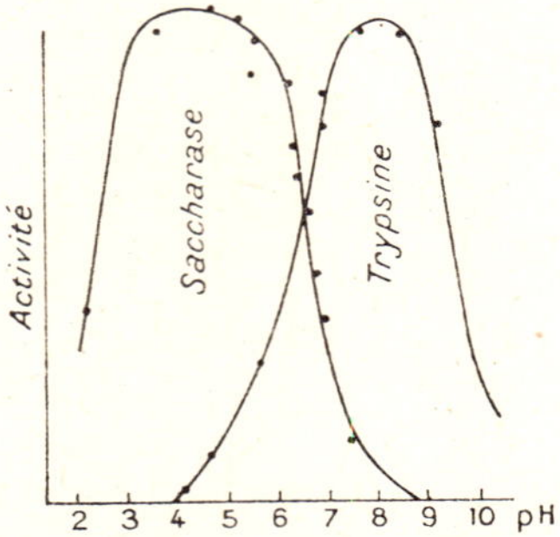

Fig. 3. — Influence du pH sur l'activité de deux enzymes (d'après Mœlwyn-Hughes)

d'enzymes aux solutions de protéines. Or, celles-ci peuvent présenter des aspects différents, des constitutions « ioniques » variables, suivant le pH. Une de ces formes, celle qui existe au pH isoélectrique possède des propriétés particulières. On peut alors imaginer que chaque enzyme aussi présente plusieurs formes ioniques dont une seule posséderait les propriétés catalytiques, et cette forme prédominerait au pH optimum. D'une enzyme à l'autre, le pH optimum varie. Il est de 1,5 à 2,5 pour la pepsine ; de 6,1 pour l'α-glucosidase de l'intestin agissant sur du maltose ; de 8 à 9 pour l'arginase du foie agissant sur la l-arginine.

Comparable à celle du pH, l'action du rH_2 se caractérise par l'existence d'un optimum, plus spécialement dans le cas de certaines enzymes : les déshydrogénases par exemple, qui enlèvent l'hydrogène à de nombreux substrats.

Il suffit d'ailleurs de revenir sur cette notion de rH_2 pour comprendre l'importance du rôle de l'hydrogène dans les cellules et par conséquent l'importance des déhydrases.

Considérons une solution dans laquelle un sel ferreux divalent se transforme en sel ferrique trivalent ; cette opération se réalise par le départ d'un électron (e) du fer bivalent :

$$\underline{Fe^{++} \rightleftarrows Fe^{+++} + e} \qquad (1)$$

Le sel ferreux s'oxyde ; le sel ferrique peut être réduit en sel ferreux. L'ensemble constitue un « système oxydo-réducteur ». On conçoit facilement, d'après l'équation (1) que la concentration en électrons (on dit encore : la pression) des systèmes du même genre puisse devenir un élément caractéristique du mélange, dans certaines conditions : en particulier si les concentrations moléculaires en sels ferreux et ferrique sont identiques, la concentration en électrons sera le potentiel « normal » d'oxydo-réduction du système réversible envisagé.

$$\underbrace{\text{Red}}_{\text{Substance réduite}} \rightleftarrows \underbrace{\text{Ox}}_{\text{Substance oxydée}} + n\,e$$

Si on relie un système comme celui qui correspond à l'équation (1) à un deuxième système dont le potentiel est plus faible (solution 2), on réalise une pile par définition, et des électrons (donc du courant électrique) circulent de la solution (1) à la solution (2) jusqu'à ce que les pressions électroniques soient égales. Or, très fréquemment en biologie, des substances hydrogénées perdent leur hydrogène. On a ainsi :

$$\underbrace{DH_2}_{\text{substrat}} \rightleftarrows D + H_2$$

$$H_2 \rightleftarrows 2H^+ + 2\,e$$

Mais cet équilibre est caractérisé par une certaine pression électronique : de sorte qu'on peut traduire le potentiel d'oxydo-réduction en mesurant le rH_2, c'est-à-dire, par analogie avec le pH, l'inverse du logarithme de la concentration en molécules d'hydrogène [H_2], ou, ce qui revient au même, de la pression des molécules d'hydrogène, dans des conditions nettement définies.

D) *Action de la température et des produits qui précipitent les protéines.* — De nouveau, on peut mettre en évidence l'existence d'un optimum d'action. Au-dessous de cet optimum, la réaction est lente, mais l'enzyme est plus stable. Au-dessus, c'est l'inverse. L'optimum dépend aussi du substrat ; il faut tenir compte, bien entendu, du *temps d'action*. Les enzymes se conservent bien à basse température, mais leur activité diminue. Elles sont inactivées à des températures variables : 55° parfois, en général 80° ; mais il y a des exceptions : la *laccase* résiste un quart d'heure à 100° ; la *ribonucléase* a son optimum d'action à 60°.

Quant aux facteurs physiques ou chimiques susceptibles de dénaturer les protéines, les températures élevées, l'agitation violente, les rayons ultraviolets, l'acide trichloracétique..., ils détruisent l'activité des enzymes.

2. Les modalités de la catalyse enzymatique.

A) *Réversibilité de l'action enzymatique.* — Les réactions que nous avons envisagées jusqu'à présent étaient essentiellement des réactions de démolition. A partir d'une substance plus ou moins complexe, nous obtenions par l'action enzymatique des produits de décomposition plus simples. Or, très souvent, on peut constater qu'il existe un équilibre chimique entre la substance originelle et les produits qu'on obtient en fin de compte. Il était logique de penser à l'existence de processus enzymatiques de synthèse. Les résultats des recherches effectuées dans ce domaine nous ont permis d'entrevoir ce qui se passait au sein de la matière vivante.

La première synthèse enzymatique fut réalisée par Croft-Hill en 1898. Il faisait agir de la maltase (qui dédouble le maltose en deux molécules de glucose) sur une solution concentrée de glucose. Il obtint de cette manière un isomère du maltose : l'isomaltose. Depuis, on a réalisé la synthèse de l'isolactose à partir du glucose et du galactose, grâce à la lactase du kéfir, celle de nombreux glucosides à l'aide de l'émulsine...

Il n'est pas certain que la synthèse enzymatique d'un composé passe par les mêmes stades que la dégradation, et c'est pourquoi deux opinions s'affrontent : pour les uns, il n'existe pas d'enzymes capables de réaliser uniquement des synthèses ; celles-ci ne résulteraient que de la réversibilité des actions enzymatiques ; pour les autres, il existe des enzymes de synthèse.

En réalité, on commence seulement à recenser les conditions favorables à l'action synthétisante de certaines enzymes. On a mis en évidence la possibilité de synthèse par les protéinases et les peptidases, la cholestérolestérase... Ces synthèses peuvent être gênées par les éléments mêmes de la réaction, qui sont parfois toxiques pour le ferment. Certaines impuretés qu'on trouve dans l'enzyme incomplètement purifiée favorisent au contraire l'activité de synthèse. Ainsi en est-il pour les phosphatases et la β-glucosidase. Le potentiel d'oxydo-réduction joue un grand rôle dans ces phénomènes. Le pourcentage de produits synthétisés s'accroît en milieu oxydant.

L'important, très évidemment, serait de savoir si les expériences qu'on réussit *in vitro* sont comparables aux phénomènes qui se déroulent *in vivo*.

Les conditions expérimentales dans lesquelles certaines synthèses ont été réalisées ne nous permettent pas toujours de l'affirmer ; mais on remarque que, d'après l'état physique, la « situation » de l'enzyme dans la cellule, suivant ses rapports avec les molécules qui l'entourent, des synthèses peuvent se réaliser ou ne pas se réaliser. Par exemple, d'après Oparine, la saccharase des cellules végétales, libre, aurait une action hydrolysante, et combinée au protoplasme une action synthétisante. Il est vraisemblable que les actions synthétisantes se font avec l'aide des surfaces d'inclusions cellulaires. En effet, comment pourrait-on expliquer, sans une participation importante des surfaces cellulaires, la synthèse des glucides dans l'assimilation chlorophyllienne, quand on pense à l'énergie considérable que ces synthèses nécessitent ? Une présomption de plus à ce point de vue nous est fournie par le fait déjà cité que les préparations les moins pures sont celles qui favorisent le plus les synthèses. Par exemple, on sait que les extraits de rein non purifiés réalisent rapidement la synthèse de l'α-glycérophosphate en présence de solutions assez peu concentrées de glycérine et de phosphates.

En réalité, il est arbitraire de se limiter à l'étude d'une seule synthèse ; la recherche, pour être efficace, doit envisager l'action complexe d'un nombre plus ou moins grand de ferments agissant en liaison les uns avec les autres, à des stades divers du phénomène considéré, soit qu'il s'agisse de la respiration, qui est le résultat d'ensemble d'une série de dégradations ménagées de l'énergie, de la décomposition d'un aliment qui aboutira aux éléments simples que l'organisme pourra assimiler..., soit qu'il s'agisse de synthèses.

Il convient de ne pas oublier non plus que la vie

est caractérisée par un équilibre constant entre les démolitions et les constructions de matière ; ceci est spécialement valable pour les protéines. Whipple et Schœnheimer ont montré que les molécules de protéines sont rapidement et continuellement bouleversées et refondues en de nouvelles molécules, aussi bien dans le règne animal que dans le règne végétal. Les enzymes protéolytiques, qui peuvent également réaliser des synthèses sont les *cathepsines* des tissus animaux et les *papaïnes* des tissus végétaux. On a d'ailleurs prouvé récemment que de nombreuses enzymes protéolytiques avaient la propriété de catalyser la synthèse des peptides dans certaines conditions expérimentales.

B) *Spécificité des enzymes.* — On a cru longtemps (et nous avons admis dans la définition générale que nous avons donnée des enzymes) que chaque enzyme était rigoureusement adaptée à l'attaque d'un composé déterminé : la sucrase par exemple. Elle hydrolyse le saccharose, mais n'agit pas sur un autre sucre, même s'il possède une constitution globale identique, ses atomes étant seulement disposés d'une autre façon dans l'espace, comme ce serait le cas pour le maltose. Ce dernier corps n'est hydrolysé que par la maltase (1).

Aussi E. Fischer pouvait-il dire que l'enzyme était adaptée à son substrat comme une clef l'est à sa serrure. Cependant, il fallut modifier cette conception de la *spécificité étroite* et admettre une *spécificité plus large*, relative à la possibilité pour certains ferments d'agir, non seulement sur une substance définie, mais sur tous les corps qui possèdent la même fonction chimique ; autrement dit, on peut

(1) La *stéréochimie* étudie précisément les propriétés des corps en fonction de la disposition de leurs atomes dans l'espace.

concevoir que la clef sera un passe-partout qui ouvrira toutes les serrures d'un même palier. La lactodéshydrogénase, qui favorise la transformation de l'acide lactique en acide pyruvique :

$$\underbrace{CH_3 - CHOH - COOH}_{\text{acide lactique}} \rightleftarrows \underbrace{CH_3 - CO - COOH}_{\text{acide pyruvique}} + H_2$$

a une spécificité étroite ; mais les estérases, qui décomposent tous les esters, nous fournissent un exemple de spécificité large. Il y a là une différence importante avec l'action des catalyseurs minéraux. L'ion H^+, pour ne citer que cet exemple, catalyse tous les phénomènes d'hydrolyse.

L'étude de la spécificité nous renseigne sur le *mécanisme d'action* des enzymes. Prenons le cas de certaines peptidases. Les ferments agissent en scindant une molécule en un point précis, et fixent les éléments de l'eau sur chacun des troncs formés. C'est ce que réalisent les polypeptidases qui scindent la liaison

$$\begin{array}{ccc} R - CO & \updownarrow & NH - R \\ OH & & H \end{array}$$

en donnant :

$$R - COOH \qquad \text{et} \qquad H_2N - R$$

Certaines enzymes ne peuvent agir que s'il y a, au voisinage de la liaison attaquée, un radical déterminé : par exemple l'aminopolypeptidase ne scinde la liaison peptidique que si cette liaison est reliée à un groupement aminé de la manière suivante :

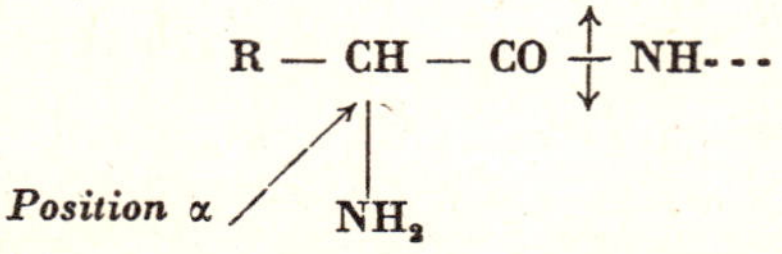

On est donc en droit de supposer que l'enzyme se combine au groupement placé en α avant d'hydrolyser la liaison voisine. Ceci nécessite une spécialisation structurale du substrat, mais, par contrecoup, on doit admettre dans la molécule d'enzyme une spécialisation correspondante.

A quelle partie de l'enzyme faut-il donc attribuer la spécificité ? Il semble assez nettement établi que cette propriété est celle de l'apoenzyme. Considérons le cas de 2 enzymes : la d-amino-acide oxydase et la glucose-déshydrogénase ; elles ont la même coenzyme (la FAD), mais une apoenzyme différente, et comme leur nom indique suffisamment qu'elles agissent sur des substrats différents, il faut bien admettre que le support protéique est responsable de la spécificité de ces ferments. Nous sommes ainsi ramenés à la conception d'Euler : pour qu'il y ait attaque d'une substance par une enzyme, il faut : 1° Que cette substance puisse se fixer sur l'apoenzyme ; 2° Que ce soit une matière chimique susceptible d'être transformée par les groupements actifs. Précisément, les corps qui possèdent une parenté chimique avec les produits transformables par une enzyme, sans être eux-mêmes attaqués, se fixent sur l'apoenzyme et gênent ainsi le ferment dans son action : les phosphates et les arséniates inhibent les phosphatases. Inversement, on connaît quelques cas de substances qui ont une liaison chimique attaquable par les groupements actifs, mais qui ne subissent pas l'action de l'enzyme parce qu'elles ne se fixent pas sur l'apoenzyme.

C) *Combinaison de l'enzyme et du substrat ; les lois des combinaisons chimiques enzymatiques.* — Toutes les particularités de l'action du milieu, aussi bien que les problèmes posés par la spécificité des enzymes, s'interprètent facilement si l'on admet que l'enzyme se combine au substrat sur lequel elle agit. Il faut donc que le substrat soit fixé par le ferment. On s'explique alors, à partir du moment où toute l'enzyme présente dans une solution est combinée au substrat, qu'un excès de celui-ci ne changera plus la vitesse de réaction. Réciproquement, si tout le substrat disponible est fixé dans le complexe enzyme-substrat, en présence d'une grande quantité d'enzyme, une dose supplémentaire de cette enzyme n'aura plus d'influence. A l'heure actuelle, l'idée d'une combinaison entre l'enzyme et le substrat correspond à une certitude, et non plus à une hypothèse. On possède en effet des preuves suffisantes de la réalité du phénomène : H. Colin et Mlle Chaudin ont montré que la vitesse de réaction était fonction du rapport « enzyme-substrat » ; le spectre d'absorption de la catalase (ferment qui décompose l'eau oxygénée) disparaît quand on ajoute un peroxyde à la solution ; on peut alors observer un nouveau spectre, caractéristique de la combinaison enzyme-substrat. Après la transformation du substrat, on observe de nouveau le spectre de la catalase. Aussi n'est-il pas sans intérêt de rappeler que c'est un Français, Victor Henri, qui tenta le premier d'expliquer les lois d'action des enzymes par la formation d'une combinaison enzyme-substrat (1903). Ces idées furent reprises en 1913 par Michaelis et Menten : ceux-ci démontrèrent qu'on peut appliquer la loi d'action de masse à cette combinaison, si on la considère comme un sel. Soient : ES la combinaison et [E], [S], les concentrations en enzyme et en substrat.

On a :

$$K_m = \frac{[E].[S]}{[ES]}$$

K_m est la constante de Michaelis, ou constante de dissociation moléculaire de la combinaison enzyme-substrat. On la définit comme étant la *concentration du substrat pour laquelle, en présence d'une quantité donnée d'enzyme, la vitesse de la réaction atteint la moitié de sa valeur limite.* Cette constante diffère d'une enzyme à l'autre, et varie avec le substrat quand la spécificité du ferment n'est pas absolue. Pour la maltase agissant sur du maltose $K_m = 2{,}1 . 10^{-1}$; pour la phosphatase agissant sur de l'acide glycéro-phosphorique, $K_m = 3{,}0 . 10^{-3}$...

Remarquons que K_m caractérisant la dissociation du complexe envisagé, l'inverse de cette valeur, k*M*, représente le contraire de la dissociation, c'est-à-dire *l'affinité* des constituants l'un pour l'autre. Cette notion présente une certaine importance, l'affinité étant indépendante de la concentration en enzyme. Au cours des purifications, l'affinité reste constante ; elle change seulement avec l'origine de la préparation et varie régulièrement avec le pH, constituant ainsi vraisemblablement un des éléments qui déterminent l'aspect de la courbe en cloche qui traduit les variations de l'activité enzymatique en fonction du pH.

On ne saurait considérer l'interprétation de Michaelis comme la seule possible. On peut concevoir, selon d'autres auteurs, que le substrat est d'abord activé par le ferment au cours d'échanges énergétiques entre les deux substances, et qu'ensuite la transformation est possible. Ou bien, on peut admettre que la combinaison de l'enzyme et du substrat résulte simplement de l'adsorption du substrat sur l'enzyme. Les calculs dans tous les cas concordent avec l'expérience et l'on connaît des exemples de chaque catégorie.

D) *Les effecteurs des enzymes.* — On désigne ainsi toutes les substances qui peuvent avoir une influence sur l'activité enzymatique.

a) *Précurseurs, activateurs.* — Les enzymes des tissus ne sont pas toujours actives. Elles peuvent être « dissimulées » dans la cellule ; associées à des substances étrangères, elles sont inactives et ne peuvent retrouver leur activité qu'après disparition des éléments superflus. Quand ceux-ci sont des protéines, l'action secondaire d'une protéase peut libérer l'enzyme. C'est apparemment ce qui se passe dans la graine d'orge au moment de la germination. Les amylases α et β acquièrent alors une activité considérable qu'elles n'ont pas dans la graine à l'état de vie ralentie. On peut dire que l'enzyme a été « démasquée ». Le complexe qui lui a donné naissance constitue un *précurseur*, qui peut être soluble ou lié étroitement à la matière environnante. On connaît un certain nombre de précurseurs dont plusieurs ont été obtenus cristallisés, notamment parmi les protéases.

Un cas classique est celui du pepsinogène, précurseur de la pepsine ; le pepsinogène existe dans la muqueuse stomacale, mais il y est inactif. Il diffère de la pepsine aussi bien par son poids moléculaire légèrement plus élevé, que par ses propriétés. En solution acide (au-dessous de pH = 6), le pepsinogène se transforme en pepsine spontanément. La réaction est autocatalytique. Il est probable que la pepsine provoque la scission du pepsinogène en libérant un complexe : pepsine-substance inhibitrice (de cette même pepsine), qui existe au-dessus de pH = 4,5 et se dissocie peu à peu.

$$\textit{Pepsinogène} \rightarrow (\textit{pepsine} \underset{\downarrow}{\overset{\uparrow}{\rightleftarrows}} \textit{inhibiteur})$$

$$\text{pepsine}$$

Cet inhibiteur a été isolé : c'est un polypeptide de faible poids moléculaire. La pepsine du porc peut activer le pepsinogène de poulet. Le même phénomène se produit pour le trypsinogène du pancréas, avec en plus l'intervention d'une enzyme intestinale, l'entérokinase, qui active le trypsinogène.

La pepsine, l'entérokinase appartiennent au groupe des *activateurs*, dont il existe plusieurs types.

Ils peuvent agir *directement* ; en ce sens, les *coenzymes* sont des activateurs directs. Ils sont spécifiques et font partie de l'enzyme. S'ils confèrent une activité à des systèmes qui n'en ont pas, c'est sans doute parce qu'ils jouent un rôle dans la réaction chimique, soit en sensibilisant le substrat à l'attaque de l'enzyme, soit en rendant plus efficace l'action du ferment. L'une ou l'autre hypothèse est applicable au cas de la cocarboxylase de levure : la carboxylase en effet catalyse la décomposition de l'acide pyruvique en acétaldéhyde et gaz carbonique, mais seulement en présence de cocarboxylase.

Une deuxième catégorie d'activateurs directs est constituée par *certains métaux à l'état d'ions*. Ces métaux peuvent faire partie de l'enzyme : ils entrent dans la constitution de groupements prosthétiques identifiables, ou bien ils appartiennent à l'enzyme sans qu'on puisse préciser à quel groupement ils sont reliés. Ils peuvent prendre part à des échanges ioniques dans les cellules, ou ne pas donner lieu à de tels échanges. Il arrive que l'on puisse considérer l'ion activateur comme le véritable groupement prosthétique, précisément parce qu'il influence la vitesse de réaction dans certaines limites, ainsi qu'on l'observe dans l'hydrolyse de l'amidon par l'amylase en présence de quantités croissantes de NaCl (l'ion important étant l'ion Cl^-). L'anhydrase-carbonique contient du Zn qui est fortement lié à l'apoenzyme et ne s'en sépare que sous l'action des réactifs qui décomposent le complexe enzymatique ; mais d'autres ferments possèdent un métal dissociable et même interchangeable. Par dialyse, le métal s'élimine. L'enzyme ainsi inactivée retrouve son activité plus ou moins complètement quand on remplace le métal spécifique par des ions de même valence. Ainsi, le Mn^{++} de l'arginase peut être remplacé par le Co^{++}. Il est acquis cependant que l'interchangeabilité des métaux actifs ne se réalise pas *in vivo* (ou très faiblement). Quant aux ions métalliques ils peuvent intervenir directement dans l'action enzymatique : par exemple le molybdène de la nitrate-réductase prend part au transfert des électrons, le fer des cytochromes aussi, mais leur rôle consiste vraisemblablement à renforcer l'union de l'apoenzyme et du groupement prosthétique, ce qui favorise l'activité enzymatique.

L'action des métaux peut, à son tour, être amplifiée par certaines substances qui prennent alors le nom de *coactivateurs*. Ces produits sont même capables de donner une activité à des éléments qui n'en ont pas naturellement. Ce sont généralement des acides aminés : considérons une phosphatase, la phosphatase alcaline, purifiée pour éviter les troubles provoqués par les impuretés. Le magnésium l'active, mais aussi le manganèse, et mieux le calcium. En présence d'ions Mn^{++}, Ca^{++}, Mg^{++}, des composés tels que l'alanine ou les polypeptides peuvent activer jusqu'à trois mille fois pour cent l'activité de la phosphatase. Sans les métaux, ces mêmes produits donnent une activité de 1 800 %. Il existe des exemples semblables chez les peptidases, l'énolase...

Une dernière série d'activateurs est constituée

par des produits qui servent d'intermédiaires entre deux matières réagissantes. La réaction se fait alors par « paliers », comme c'est le cas dans les réactions d'oxydation qui constituent un des aspects de la respiration des cellules. Entre la matière à oxyder et l'oxygène, il y a des « transporteurs d'hydrogène » qui recueillent l'hydrogène enlevé au substrat par des enzymes (1) et l'amènent à l'oxygène sur lequel il se fixera. La réaction n'aurait pas lieu dans les mêmes conditions, en l'absence de transporteurs (glutathion, acide ascorbique...) qui sont donc des *catalyseurs, nous dirons « intermédiaires »*.

Enfin, certains facteurs agissent par voie physique : les sels biliaires qui favorisent l'émulsion des graisses, donc l'attaque par les lipases, sont des activateurs.

L'activation peut s'exercer *indirectement* : soit par *démasquage* de l'enzyme (c'est ce que nous avons vu précédemment dans l'étude des précurseurs), soit en *faisant cesser l'état d'inhibition* du ferment par l'intervention d'un nouveau facteur. Ainsi : la succino-déshydrogénase est inhibée très facilement par des agents oxydants doux tels que l'oxygène atmosphérique, mais si l'on ajoute au milieu un réducteur (cystéine...), le ferment retrouve son activité (2). Ce processus est assez fréquent. Dans la même catégorie, il faut ranger l'action de certains métaux qui forment des combinaisons avec les inhibiteurs naturels, et rendent ainsi leur activité aux enzymes. C'est probablement ce qui se passe avec l'ion Zn^{++} qui active les phosphomonoestérases dans le sérum, à des taux où il inhibe l'enzyme pure.

(1) En fait ce sont des transporteurs d'électrons. $H \rightarrow H^+ + e$. Il se forme un ion H^+ qui se combinera à l'oxygène « activé » (cf. le § « Respiration cellulaire »).

(2) La cystéine et d'autres substances semblables (glutathion) agissent encore d'une autre façon : elles stabilisent les enzymes. En leur présence, celles-ci ne perdent pas leur activité.

Remarquons enfin que les activateurs favorisent l'action des enzymes dans l'un des sens de l'équilibre catalysé, et que l'on connaît des activateurs de synthèse, particulièrement dans le cas des phosphatases, des pyrophosphatases, de l'émulsine.

b) *Inhibiteurs.* — Il y a de nombreux inhibiteurs qui agissent de manières diverses : les uns bloquent certains groupements ou l'élément métallique nécessaires au fonctionnement de l'enzyme, les autres agissent d'une autre façon, sans que nous connaissions le mécanisme du phénomène. Les oxydants, certains sels mercuriques, les cyanures, les fluorures, sont des exemples de la première série. Les sulfamides qui n'ont pas de groupement de substitution dans leur molécule gênent plus ou moins l'action de l'anhydrase-carbonique et des phosphatases des tissus ; l'uréthane inhibe un certain nombre d'enzymes... Les produits de la réaction eux-mêmes peuvent inhiber l'enzyme. Les substances qui détruisent les protéines et dont nous avons vu quelques exemples sont des inhibiteurs redoutables dont l'action est irréversible, alors qu'en neutralisant certains inhibiteurs, on peut parfois rendre à l'enzyme son activité. En ce sens, les enzymes comme la pepsine, la trypsine... qui digèrent de nombreux ferments sont des inhibiteurs.

On distingue plusieurs types d'inhibition. Dans *l'inhibition « compétitive »*, l'inhibiteur a de l'affinité pour l'enzyme, avec laquelle il se combine, créant ainsi entre elle-même et le substrat une véritable compétition. Son action est réversible. Prenons un exemple : la succino-déshydrogénase catalyse la transformation de l'acide succinique en acide fumarique :

$$COOH - CH_2 - CH_2 - COOH \xrightarrow{-2H} COOH - CH = CH - COOH$$

Cette réaction est inhibée par le malonate. Il se forme en effet un composé entre l'enzyme et l'acide malonique, mais sans conséquence pour l'acide malonique, l'enzyme n'agissant que sur l'acide succinique.

Dans *l'inhibition « non compétitive »*, la substance inhibitrice s'associe au ferment sans être gênée, sans être concurrencée par la combinaison de l'enzyme et du substrat qui s'effectue alors en des points différents de la molécule enzymatique. Il n'y a pas similitude de structure entre le substrat et l'inhibiteur, et l'inhibiteur se combine également au complexe enzyme-substrat avec une affinité égale à celle qu'il manifeste pour l'enzyme. Ce sont souvent les fortes concentrations en substrat ou les produits terminaux de la réaction qui ont un effet inhibiteur. Ainsi, l'uréase est inhibée par de fortes concentrations en urée, la cholinestérase par celles de l'acétylcholine...

Enfin, il existe *d'autres modalités d'inhibition* : par exemple celle où la substance inhibitrice se combine uniquement au complexe enzyme-substrat et non à l'enzyme seule, et d'autres cas intermédiaires entre les précédents, donc plus compliqués.

c) *Antiferments.* — Ce sont des inhibiteurs un peu particuliers dont la définition la plus simple est celle-ci : ce sont les anticorps (1) spécifiques des ferments. Il est possible d'en distinguer trois catégories :

La première rassemble les *antiferments naturels* qu'on trouve dans les tissus des êtres vivants. L'anticatalase existe probablement dans le sang et le

(1) L'introduction d'une protéine étrangère (antigène) dans le sang d'un organisme détermine au sein du plasma l'apparition de produits spécifiques qui tendent à neutraliser l'action de l'antigène et constituent des anticorps. Ces éléments existent parfois normalement dans l'organisme.

gras du lard. En effet, en chauffant du sang à 60° C, on augmente considérablement l'activité catalasique. A cette température, l'inhibiteur est vraisemblablement détruit.

La deuxième catégorie désigne les *antiferments des parasites intestinaux* : l'ascaris notamment contiendrait une antipepsine, une antitrypsine..., ce qui expliquerait pourquoi ce ver n'est pas digéré par les enzymes. Malheureusement pour lui si on le place dans une solution diluée de sève de figuier (qui contient une enzyme protéolytique, la ficine), le parasite est digéré tout vif, car il n'a pas d'antificine.

La troisième série groupe les *antiferments au sens strict*, produits par l'organisme quand on lui injecte des ferments. On a pu obtenir l'antipepsine, l'antitrypsine, l'antiémulsine, l'antiphénolase, qui prennent naissance quand on injecte les enzymes dans le sérum du lapin. La production d'antiferments par les organismes vivants, mise en doute pendant un certain temps, est définitivement démontrée.

IV. — La classification et les principaux groupes d'enzymes

Il ne reste plus, pour compléter cette revue des propriétés d'ensemble des enzymes, qu'à classer les ferments de la manière la plus rationnelle. C'est ce qu'a essayé de faire la Commission des Enzymes de l'Union internationale de Biochimie dès 1961. Ses suggestions ont été admises et les règles de la nomenclature ont été fixées au cours d'un Congrès international en 1964.

Chaque enzyme est alors désignée par un numéro d'ordre, un nom systématique, et un nom commun éventuellement. Le numéro d'ordre comprend 4 chiffres séparés par des points. Le premier chiffre indique la catégorie à laquelle appartient l'enzyme en question, parmi les six qui ont été distinguées et qui sont : 1) *les oxydoréductases* ; 2) *les transférases* ; 3) *les hydrolases* ; 4) *les lyases* ; 5) *les isomérases* ; 6) *les ligases.*

Les autres chiffres représentent les sous-groupes en lesquels les classes principales sont subdivisées selon le type de la liaison chimique rompue ou formée.

La présentation qui suit ne respectera pas l'ordre officiel à l'intérieur des 6 groupes, mais tiendra compte en priorité de quelques grands mécanismes de réaction.

1. **Oxydoréductases.** — Ce sont des enzymes qui transfèrent des électrons, seuls ou accompagnés de protons d'un donneur à un accepteur ; celui-ci peut être de l'oxygène.

On range dans ce groupe des enzymes particulièrement importantes. Elles jouent en particulier un rôle fondamental dans la respiration cellulaire (1).

A) *Les oxydases.* — Elles oxydent le substrat à l'aide de l'oxygène de l'air auquel elles font subir une *activation.* Les principales sont :

a) *Les polyphénoloxydases.* — Elles oxydent les polyphénols en positions ortho et para. On y trouve : la *laccase* qui a déjà été citée. Beaucoup de végétaux contiennent des enzymes analogues, qui sont à l'origine du noircissement des tranches de végétaux,

(1) On entend par oxydation l'ensemble des processus suivants : oxygénation ou fixation d'oxygène sur une molécule ; déshydrogénation ou enlèvement d'hydrogène à un substrat : *d'une manière générale*, toute augmentation de valence d'un ion qui se réalise par la libération d'un électron : $Fe^{++} \rightarrow Fe^{+++} + e$ par exemple. Les opérations inverses constituent des réductions.

ou de fruits crus, de champignons... ; la *catéchol-oxydase* qui transforme le catéchol (diphénol) en quinone ; par enlèvement de H_2 et par fixation de O_2 elle donne aussi, dans les feuilles de chou, à partir de l'acide ascorbique ou *vitamine C*, de l'acide déhydro-ascorbique.

Acide ascorbique $+ O_2 \rightarrow$ Ac. déhydro-ascorbique $+ H_2O$

b) *Monophénoloxydases : la tyrosinase.* — Cette enzyme et d'autres du même groupe interviennent dans la formation de nombreux pigments ; il en est ainsi dans la formation du pigment noir de la peau des batraciens. Sous son action, les chromogènes donnent des mélanines (noires ou vertes). On la rencontre dans le son, la pomme de terre, les champignons.

c) *La cytochrome-oxydase.* — Ferment rouge ou « Atmungs-ferment » de Warburg (ou indophénol-oxydase), c'est un dérivé d'hème qui possède la propriété de fixer l'oxygène sur l'un des *cytochromes*, substances susceptibles d'exister à l'état réduit et oxydé qui interviennent dans la respiration cellulaire. C'est une matière colorante de couleur rouge intense, mais qui paraît jaune, parce qu'elle est très diluée dans les cellules.

B) *Les peroxydases* qui oxydent les substrats aux dépens des peroxydes, de sorte qu'il ne se dégage jamais d'oxygène dans ces réactions, contrairement à ce qui se passe avec la catalase (qui décompose l'eau oxygénée). L'oxygène actif produit par la peroxydase se fixe généralement sur des composés phénoliques. On trouve les peroxydases surtout chez les Végétaux ; il y en a, par exemple, dans la racine de raifort ; mais il existe aussi une peroxydase dans le lait frais...

C) *Les déshydrogénases* qui ont généralement une étroite spécificité ; elles détachent l'hydrogène du substrat *(donateur)* et peuvent le passer à diverses molécules qui représentent alors des *accepteurs* ; l'oxygène par exemple. De même, le bleu de méthylène, qui peut être réduit par l'hydrogène et se décolore, prenant alors la forme dite « leuco-bleu » de méthylène. Le bleu de méthylène peut remplacer l'oxygène dans de nombreuses réactions.

Ces enzymes sont très sensibles à la chaleur ; les narcotiques de la série des uréthanes les inhibent.

On peut distinguer 4 grands groupes parmi les déshydrogénases, suivant la nature de la coenzyme qui doit leur être associée (ou ne pas l'être) pour qu'elles puissent fonctionner.

1° *Les déshydrogénases qui fonctionnent sans coenzymes*, par ex. une lactico-déshydrogénase extraite de « particules » de la bactérie *Escherichia coli* ; une alcool-déshydrogénase extraite d'*Acetobacter xylinum* (pH optimum d'action = 5,7) ; enfin une déshydrogénase de l'acide malique de *Micrococcus lysodeikticus*, enzyme qui forme de l'acide oxalo-acétique.

2° *Les déshydrogénases à NAD*, exemple : celles de l'acide lactique des muscles, de l'acide malique, des phosphates de trioses.

3° *Les déshydrogénases à NADP*, exemple : celle du glucose-6-phosphate, celle de l'acide isocitrique.

4° *Les déshydrogénases à flavines*, dont la coenzyme est la FMN ou la FAD ; on y trouve les *déshydrogénases des coenzymes réduites*, par exemple la diaphorase I qui enlève l'hydrogène au NADH, la diaphorase II qui l'enlève au NADPH pour le transférer à un accepteur, en présence de FAD. Ou bien, la NADP-cytochrome C réductase qui agit sur le NADPH, avec comme accepteur d'hydrogène le cytochrome C (Cyt. C) et comme coenzyme le FMN. Enfin, d'*autres flavoprotéines* qui sont spécifiques de divers substrats, comme la glucose-déshydrogénase, qui a le glucose comme substrat, l'oxygène comme accepteur d'hydrogène et la FAD comme coenzyme.

2. **Transférases.** — Ce sont des enzymes qui catalysent le transfert d'un groupe d'une molécule à une autre. Le groupe transféré peut être très variable : carboxyl, méthyl, groupement phosphoré... Par ex. : (2.7.1.2.), la glucokinase, qui catalyse la réaction :

ATP + D-glucose = ADP + D-glucose-6-phosphate

Les *transaminases* qui peuvent transférer le radical $\underline{—NH_2}$; les *transamidinases* qui utilisent le radical

$$\underline{—C\begin{smallmatrix}\diagup NH_2\\ \diagdown\!\!\diagdown NH\end{smallmatrix}}$$

, les *transméthylases*, le radical $\underline{—CH_3}$.

Il existe une enzyme qui assure le transfert du groupe — SH.

La *polynucléotide-phosphorylase* catalyse la réaction suivante *in vitro* :

$$n\text{XDP} \rightleftarrows \underbrace{(\text{XMP})^n}_{\text{polymère}} + \underbrace{n\text{Pi}}_{\text{Phosphore inorganique}}$$

X = base purique ou pyrimidique

XDP = nucléoside diphosphate

(XMP = nucléoside monophosphate)

L'*ARN-polymérase* réalise la synthèse de l'ARN à partir de nucléosides diphosphates.

L'enzyme de Kornberg permet la synthèse de l'ADN à partir de nucléosides triphosphates.

La synthèse de nombreux oligosaccharides est catalysée par des phosphorylases ; celle de nombreux polysaccharides utilise des dérivés variés de l'uridine diphosphate : par exemple la synthèse du glycogène peut se faire dans le foie à partir d'uridine diphospho-glucose (UDPG).

3. **Hydrolases.** — Ces enzymes scindent divers composés et fixent sur les restes les éléments de l'eau.

$$R - R' + H - OH \rightleftarrows R - OH + R' - H.$$

On trouve dans cette catégorie :

a) LES PROTÉASES. — 1° *Les peptidases*, qui agissent spécifiquement sur les peptides et leurs dérivés, suivant le schéma général représenté ci-dessous, mais sont sans action sur les protéines.

$$R - CO \updownarrow NH - R' + H \updownarrow OH \rightleftarrows \underbrace{R - COOH}_{\text{Ac. organique}} + \underbrace{H_2N - R'}_{\text{Amine}}$$

On les groupe en : aminopeptidases, dipeptidases, carboxypeptidases, prolinases et prolidases, suivant le substrat sur lequel elles agissent.

2° *Les protéinases*, qui scindent les protéines en chaînes polypeptidiques et en polypeptides. On y trouve les *protéinases gastriques et pancréatiques*, dont l'action se poursuit jusqu'à libérer une proportion variable d'acides aminés. Ces enzymes agissent comme des *endopeptidases*, c'est-à-dire qu'elles attaquent les liaisons — CO-NH — non seulement aux extrémités des chaînes polypeptidiques, mais aussi à l'intérieur de la molécule. Les *exopeptidases*, parmi lesquelles on trouve les *protéinases intestinales*, n'agissent que sur les liaisons terminales des chaînes.

Indépendamment de la pepsine, de la présure, de la trypsine et de l'entérokinase... qui font partie de ce groupe d'enzymes, il existe une *papaïne*, protéinase végétale, que l'on extrait du papayer ; la *cathepsine*, qui existe dans toutes les cellules animales... Leur pH optimum d'action est à 6 ; elles fonctionnent peu à pH = 7,4 qui est fréquemment celui des milieux intérieurs ; elles n'autolysent les tissus qu'après la mort : il semble qu'elles soient inhibées par la respiration.

b) LES CARBOHYDRASES : elles s'attaquent aux glucides.

Les *unes* décomposent les glucides de faible poids moléculaire (α et β glucosidase ou émulsine, sucrase ou invertine...), les *autres* fragmentent les polysaccharides (α et β amylases, cellulases, chitinases, pectinases...).

c) LES ESTÉRASES agissent sur les éthers-sels (esters). Leur spécificité est plus ou moins large, mais : les *lipases* hydrolysent les esters de la glycérine et des acides gras, ou des esters variés provenant notamment d'alcools à faible poids moléculaire. Exemple : la lipase pancréatique, l'estérase du foie, la cholinestérase dont la spécificité est étroite ; les *phosphatases* libèrent l'acide phosphorique de certains esters. Les substances dédoublées peuvent être des mono ou des diesters, des amides, des dérivés d'acides pyrophosphorique et métaphosphorique : les enzymes correspondantes porteront les noms de : phosphomonoestérases, phosphodiestérases, phosphoamidases, pyrophosphatases. Les plus répandues sont les phosphomono et les diestérases (ribo et désoxyribonucléases par exemple), les pyrophosphatases. Folley et Kay ont distingué quatre catégories de monophosphatases d'après l'action de plusieurs facteurs, surtout du pH : celles du type I, dont le pH optimum se situe entre 8,6 et 9,4. On les trouve dans les os, le rein, le foie... Celles du type II, de pH optimum 5 à 5,5 et qu'on trouve dans la prostate, le sperme, l'urine, les graines... Celles du type III : pH : 3,4 à 4,2, dans le rein, le foie, la rate, les champignons... enfin, celles du type IV de pH optimum : 5 à 6,5, qu'on trouve dans les hématies. Les *sulfatases* hydrolysent les esters sulfuriques. On différencie d'après leur spécificité : la phénolsulfatase, la glucosulfatase des Mollusques, la chondro et la myrosulfatase. Les *aminases* libèrent de l'ammoniaque à partir de certaines amines ; les *amidases* attaquent les amides. Exemple : l'asparaginase, l'uréase...

4. **Lyases.** — Elles catalysent la formation d'une double liaison sur un substrat en déplaçant un groupe chimique. La double liaison peut s'établir entre deux atomes de carbone ou un atome de carbone et un atome différent : O, N, S, halogène.

Citons parmi les enzymes que l'on trouve dans cette catégorie : la fumarase, l'énolase (qui transforme l'acide 2-phospho-glycérique en acide phospho-énol-pyruvique), l'anhydrase-carbonique, diverses décarboxylases qui libèrent du CO_2, l'aspartase qui libère de l'ammoniac...

Acide aspartique $\rightleftarrows$ NH_3 + acide fumarique.

5. **Isomérases.** — Les enzymes de cette catégorie catalysent des réarrangements intramoléculaires. Ces derniers peuvent concerner une stéréoisomérie (forme cis transformée en trans), aussi bien qu'une conversion d'un aldéhyde en cétone...

S'il s'agit du passage sur une même molécule d'un groupement d'une position à une autre l'enzyme peut être qualifiée de « mutase ». Ainsi la phosphomutase du phosphoglycérate, qui catalyse la réaction :

2-phospho-D-glycérate = 3-phospho-D-glycérate.

6. **Ligases.** — Elles catalysent des réactions de synthèse, en utilisant les nucléosides-phosphates riches en énergie, ce qui s'accompagne de la formation d'une liaison entre deux atomes de carbone ou un atome de carbone et un d'oxygène, de soufre ou d'azote. Ex. : la synthétase de l'acétyl-CoA qui catalyse la réaction suivante :

ATP + acétate + CoA = AMP + pyrophosphate
+ acétyl-CoA.

Figurent encore dans cette série des carboxylases, les peptides synthétases...

Il est à noter que des enzymes classées dans l'une ou l'autre catégorie concourent à assurer des réactions dont l'intérêt biochimique est évident. C'est le cas des enzymes qui ont en commun de favoriser les synthèses par *polymérisation* ; processus que nous prendrons comme exemple.

V. — Localisation des enzymes

On emploie, pour connaître la localisation des enzymes, des méthodes variées, spéciales à chaque type de ferment.

Les techniques utilisables pour localiser les enzymes sont très variées, mais quelles qu'elles soient il faut souvent effectuer un contrôle histochimique pour obtenir une détermination plus fine de la répartition. Les enzymes existent, comme on a déjà pu en juger, partout dans les règnes végétal et animal, mais inégalement : c'est ainsi que les phosphomonoestérases sont universellement répandues, mais la trypsine ne se trouve en abondance que dans le pancréas.

On trouve des enzymes dans les humeurs et dans le sang ou la lymphe ; mais, fondamentalement, c'est dans la cellule qu'ils sont situés et qu'ils sont synthétisés.

Dans la cellule elle-même, on sait reconnaître assez bien les enzymes qui sont fixées plus ou moins solidement sur une catégorie de granules et celles qui peuvent s'en détacher, grâce à l'analyse biochimique des différents constituants cellulaires que l'on réalise après broyage, broyage suivi de centrifugations différentielles qui permettent de séparer les inclusions cellulaires les unes des autres.

Quant aux organismes les plus inférieurs, ceux que l'on situe aux confins de la vie et de la matière inerte : les *virus*, qui ne peuvent subsister qu'en parasitant les êtres mieux organisés, végétaux ou animaux, on ne saurait en extraire des inclusions. On ne peut les observer qu'au microscope électronique. Ils sont apparemment constitués par des nucléoprotéines et sont capables d'autoreproduction. Ils possèdent cependant un équipement enzymatique, mais beaucoup plus réduit que celui des bactéries : ils ne respirent pas et ne fermentent pas. On y a trouvé une phosphatase et une catalase, aucune déshydrogénase.

Les enzymes dans le cytoplasme fondamental. — Par suite de difficultés techniques, nos connaissances à ce sujet sont encore très incomplètes. Citons quelques résultats : on a trouvé dans un homogénat de cellules hépatiques, 66 % de l'activité catalasique dans le cytoplasme fondamental (Euler et Heller, 1949), 100 % de phosphoglucomutase (Hers et coll., 1951), 96 % de l'aldolase...

Les enzymes du système glycolytique (destruction du glucose au cours du métabolisme cellulaire) seraient situées dans le cytoplasme fondamental ; de même, la phosphorylase et l'hexokinase. C'est encore là que se trouverait la principale activité enzymatique susceptible d'agir sur la dégradation, la transformation ou la synthèse des coenzymes. D'une manière générale, les *lyoenzymes* sont dans le cytoplasme fondamental.

En résumé, le cytoplasme fondamental paraît attaquer toutes les catégories de substrat (dont la dégradation finale mettra éventuellement en jeu les inclusions mitochondriales) : les graisses y sont saponifiées, les protéines coupées en acides aminés, le glucose transformé en acide pyruvique. Par contre, on sait peu de chose sur son pouvoir de synthèse.

Dans les noyaux. — On a trouvé dans les noyaux des cellules hépatiques de l'arginase et de la catalase. Dans le pancréas, les noyaux sont pauvres en lipase et en amylase, bien que cet organe produise les enzymes citées.

Les enzymes qui interviennent dans le métabolisme des nucléosides, tels que l'adénosine désaminase et l'adénosine-phosphorylase sont synthétisées en plus grande abondance dans les noyaux que dans le cytoplasme : cette dernière enzyme sert aussi à la synthèse des coenzymes. Il semble également possible que chez l'animal à jeun, le noyau abandonne des enzymes dans le cytoplasme environnant (Mirsky).

Dans les mitochondries. — On y trouve, associés à des protéines, des lipides et de petites quantités d'acide ribonucléique, des *enzymes respiratoires* comme la cytochrome-oxydase, la succino-déshydrogénase, du cytochrome *b*, de l'adénosine-triphosphatase ; les *enzymes de la cyclophorase*, c'est-à-dire les enzymes nécessaires pour réaliser l'oxydation des glucides, suivant un processus cyclique connu sous le nom de « cycle de Krebs » ; ainsi que les enzymes indispensables à l'oxydation des acides gras. Par conséquent, c'est au niveau des mitochondries que se réalisent les *oxydations cellulaires* ; mais les mitochondries interviennent aussi dans certaines réactions de synthèse : celles qui pourront conduire à la synthèse des protéines : synthèse de la glutamine par exemple.

Dans les lysosomes. — Il s'agit de structures cellulaires (les hématies n'en possèdent pas) qui contiennent des hydrolases dont la principale est la phosphatase acide. Ce sont des corps denses, dont le diamètre est compris entre 0,3 et 1,5 μ. Ils sont très abondants dans les cellules qui jouent un rôle prépondérant dans les mécanismes de défense de l'organisme. On y trouve de nombreuses enzymes : ceux des cellules hépatiques en contiennent plus de 40.

Les lysosomes primaires sont des formations néoformées qui ne sont pas encore intervenues dans les phénomènes de dégradation. Les lysosomes secondaires sont des vacuoles dans lesquelles se déversent les enzymes des lysosomes primaires. Ils sont impliqués dans les phénomènes de digestion cellulaire.

Il existe aussi des « peroxysomes », particules de 0,5 μ environ, distinctes des lysosomes et contenant des peroxydases.

Ces structures contribuent à assurer la constance du milieu cellulaire (et par contrecoup celle du milieu intérieur de l'organisme). Aussi tout dysfonctionnement, quelle qu'en soit l'origine, congénitale ou acquise, provoque des altérations de la cellule d'où résultent certaines maladies.

Dans les plastes des cellules végétales. — On a mis en évidence, parmi les ferments des plastides :

— dans les chloroplastes : de la *chlorophyllase* ;
— dans les leucoplastes et les chromoplastes : de l'amylase, de la peroxydase, de la cyto-

chrome-oxydase, de la polyphénoloxydase, des phosphorylases et diverses déshydrogénases.

Les enzymes présentes dans les plastides subissent des changements d'activité importants en fonction de la nature des plantes et de leur état physiologique : changements qui semblent en relation avec l'état de fixation des enzymes sur leur support, c'est-à-dire avec leur labilité.

Dans les systèmes membranaires. — Les préparations naguère connues sous le nom de « microsomes » et dont on sait maintenant qu'elles sont faites de ribosomes et de fragments de réticulum endoplasmique contiennent des enzymes, en quantité plus faible que les mitochondries cependant. Les enzymes sont souvent localisées dans les membranes. On y trouve : de l'estérase et de la cytochrome réductase, une proportion appréciable de la catheptase intracellulaire et de la dipeptidase.

Il y aurait de l'invertase dans la membrane de levure, selon Wilkers et Palmer (1933) ; de la lactase également (Myrbäck et Vasseur, 1943) ; de la tréhalase ; de la *phosphatase* (Rothstein et Meier, 1948). Lindberg (1950) a mis en évidence des enzymes phosphorylantes dans la paroi des œufs d'oursin... La connaissance de l'équipement enzymatique des membranes présente un intérêt considérable dans l'étude des échanges cellulaires.

On contrôle actuellement la pureté des préparations de fractions cellulaires en y recherchant une enzyme spécifique de la préparation considérée : par exemple la glucose-6-phosphatase pour savoir si la préparation contient des microsomes, auxquels l'enzyme est liée spécifiquement.

On ne saurait chiffrer exactement le nombre des enzymes contenues ou produites dans une cellule ;

les unes exercent leur action à l'intérieur de la cellule, d'autres sont excrétées et exercent leur activité à l'extérieur. D'après Lang, on peut admettre qu'en dehors des éléments d'édification cellulaire, les protéines des cellules sont enzymatiques. Dans les cellules hépatiques, les 2/3 des protéines seraient enzymatiques : cela représente des milliers d'enzymes.

La teneur des cellules en enzymes est influencée par des facteurs internes ou externes ; la concentration et l'activité des enzymes augmentent avec l'âge par exemple ; le régime alimentaire des organismes exerce aussi une influence prépondérante. Les altérations des organes entraînent des modifications de leur teneur enzymatique. Ces considérations nous conduisent à étudier enfin un phénomène lié à la synthèse des enzymes : la formation des « enzymes induites ».

VI. — Les enzymes adaptatives

Il y a, dans toute cellule, un équipement normal en enzymes : les *enzymes constitutives*. Mais, en présence de certains substrats, la cellule fabrique les enzymes susceptibles d'attaquer ces mêmes substrats L'apparition de ces enzymes dans la cellule correspond donc à une *induction* : ce sont des enzymes induites. L'usage s'est établi cependant de les désigner sous le nom *d'enzymes adaptatives*.

Ce phénomène fut décrit pour la première fois par G. Duclaux (1899) qui étudiait la formation de diverses enzymes, dont celle de la saccharase, chez l'Aspergillus ; puis par Diénert qui mit en évidence la formation adaptative de la galactozymase chez la levure. Karström plus tard (1937), remit le problème à l'ordre du jour.

Les questions essentielles que pose l'étude de ce phénomène se rapportent d'abord à la *synthèse* de l'enzyme : celle-ci est-elle effectivement synthétisée ou bien existe-t-il dans la cellule un précurseur qui serait simplement activé ? Ce sont J. Monod et son équipe de chercheurs qui ont donné une réponse claire, ces dernières années, à cette première question. Les travaux ont été effectués à l'Institut Pasteur ; ils ont porté surtout sur la β-galactosidase chez *Escherichia coli.*

Les auteurs ont pu montrer que les protéines cellulaires préexistantes ne contribuent en rien à l'édification de l'enzyme induite dans la cellule par un β-galactoside.

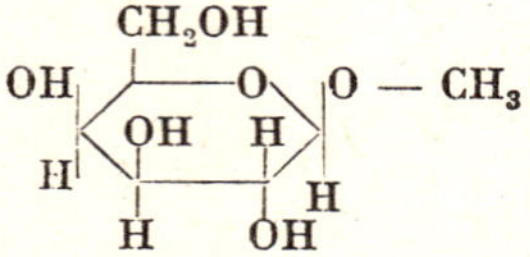

Un β-galactoside : le méthyl-β-D-galactoside

Par conséquent, la synthèse de l'enzyme est *totale* autant par sa structure que par l'origine de ses éléments (il y a là un exemple de synthèse protéique particulièrement intéressant à étudier).

On s'était demandé si l'étroite spécificité d'action de l'inducteur était liée directement à la spécificité d'action de l'enzyme elle-même ; on admettait en effet, auparavant, que seuls les substrats d'une enzyme pouvaient en provoquer la synthèse, celle-ci étant liée, en d'autres termes, à son activité. Mais, Monod et coll. démontrèrent que, contrairement à ce qu'on pouvait en attendre, le pouvoir inducteur n'est lié d'aucune façon à l'activité de l'enzyme sur l'inducteur, ni même à son affinité pour celui-ci : il existe en effet des substances très voisines du substrat considéré qui, n'étant pas hydrolysées par l'enzyme *in vitro*, ni même métabolisées par les bactéries, possèdent cependant un grand pouvoir inducteur. Inversement, tel substrat habituel de l'enzyme considérée peut n'avoir pas de pouvoir inducteur. Des faits identiques furent retrouvés par d'autres auteurs : sur la β-glucuronidase d'*Escherichia coli*, la catalase de levure...

Pollock et ses collaborateurs (1953-1955...) montrèrent, sur la pénicillinase de *Bacillus cereus* que l'inducteur agit *catalytiquement* : un contact de quelques minutes entre les bactéries et la pénicilline suffit à provoquer la synthèse de pénicillinase, synthèse qui peut, ensuite, se poursuivre plusieurs heures en *l'absence* de pénicilline. Dans certains cas, les auteurs ont trouvé 20 à 40 fois plus de molécules d'enzyme formée que de molécules de pénicilline fixée par la cellule. Il se peut donc que chaque molécule de pénicilline puisse induire la synthèse d'un nombre indéfini de molécules de pénicillinase.

Dès lors, le problème de l'induction enzymatique s'élargit : on se demande si les conditions d'ensemble (métaboliques et structurales si l'on considère la spécificité de l'enzyme formée) qui permettent la synthèse, sont elles-mêmes « orientées » et créées par l'inducteur ou si elles *préexistent* dans la cellule, susceptibles de se transmettre héréditairement. On soulève ainsi la question du *contrôle génétique de la synthèse enzymatique* ; il y sera fait allusion dans le prochain chapitre.

Signalons simplement que certaines expériences indiquent qu'il existe dans la cellule des récepteurs spécifiques de l'inducteur ; et que, d'autre part, il existe des souches bactériennes chez lesquelles on peut induire la synthèse d'une enzyme donnée alors que d'autres souches ne sont pas inductibles : cela démontre qu'il y a un contrôle héréditaire de l'inductibilité.

Ces résultats, enfin, ont conduit à formuler une hypothèse plus vaste, hypothèse à laquelle il n'est pas encore légitime de répondre par l'affirmative :

est-il possible que *toutes* les enzymes d'une cellule, constitutives ou adaptatives, soient synthétisées sous l'influence d'inducteurs ? L'origine en serait intracellulaire pour les enzymes constitutives : les inducteurs pouvant être eux-mêmes, dans ce cas, des substances intermédiaires du métabolisme ?

La formation d'enzymes adaptatives a été observée surtout chez les Bactéries et les Champignons, mais elle se fait aussi dans les organismes supérieurs : la résistance accrue qu'acquièrent certains animaux à sang chaud après des intoxications et la formation d'anticorps en sont sans doute un indice ; de même, l'augmentation de la teneur en trypsine du pancréas dans un régime hyperprotéique, la diminution de production des ferments digestifs en période de famine...

VII. — Enzymes et génétique

La génétique classique, dont le fondateur fut Mendel, attribue à certains éléments des chromosomes : *les gènes*, la propriété de contrôler la manifestation des caractères spécifiques à chaque individu. La stabilité de ces éléments garantit la transmission des « caractères héréditaires » d'une génération à la suivante ; mais il existe des *mutations*, changements brusques qui affectent précisément les caractères transmissibles héréditairement dans l'espèce considérée.

Longtemps, on ne s'est préoccupé que de dénombrer les gènes et d'étudier les lois quantitatives de leur transmission. Mais, pour connaître le *mécanisme d'action* des gènes, il fallut faire appel à la Biochimie. De nos jours, la « Génétique biochimique » constitue une branche de la Génétique dont l'importance croît sans cesse.

Dans ce cadre, on doit signaler que des races mutantes peuvent être obtenues expérimentalement ; elles ne proviennent pas uniquement d'un changement spontané des gènes. On a utilisé, pour obtenir les mutations, l'action des rayons X, ultraviolets..., l'action chimique de certaines substances. Par irradiation, ou par action chimique, on obtient, par exemple, un grand nombre d'espèces nouvelles de *Neurospora crassa* (champignon rouge qui pousse sur le pain). Le métabolisme des mutants n'est pas identique à celui de l'espèce d'origine. L'étude comparée du métabolisme chez un mutant et chez l'espèce naturelle doit donc permettre d'éclairer le mode d'action des gènes dans leurs relations avec le métabolisme. C'est à des études de ce genre que se sont livrés Beadle et ses collaborateurs, Horowitz... Celui-ci a montré, par exemple, que la méthionine est le produit final d'une série de réactions en chaîne, dont chaque maillon est contrôlé par un gène.

Considérons une partie de la chaîne des réactions :

Gène 5 → Homosérine + Cystéine (↗ *Gène 4*) —*Gène 3*→ Cystathionine —*Gène 2*→ Homocystéine —*Gène 1*→ MÉTHIONINE

Si l'on constate qu'une souche mutée, par exemple, ne peut se passer de méthionine pour sa croissance et qu'elle accumule de la cystathionine, on en déduira que la mutation du gène (2 en l'occurrence) a pour effet d'interrompre la chaîne normale des réactions, ce qui implique qu'il y a normalement contrôle des réactions de synthèse de la méthionine par le gène considéré. On connaît d'autres cas où c'est l'acide nicotinique ou le tryptophane qui ne peuvent plus être synthétisés pour des raisons équivalentes. Il faut donc admettre que les gènes *contrôlent* des processus chimiques fondamentaux : la synthèse des acides aminés, celle des purines, des pyrimidines, de la chlorophylle ; les voies du métabolisme des nitrates, etc. Cela revient à dire que les gènes contrôlent les enzymes qui permettent ordinairement le passage d'un stade de la chaîne réactionnelle au suivant. En effet, il a été montré que : 1° des souches mutées de micro-organismes ont des enzymes différentes des enzymes normales et parfois même inactives ; 2° la mutation peut avoir pour effet de remplacer un acide aminé dans une molécule d'enzyme (tryptophane synthétase par exemple) ou une molécule de protéine (hémoglobine humaine, protéine du virus de la mosaïque du tabac).

Parmi d'autres cas, citons celui des mutants de la Drosophile (mouche du vinaigre), *Drosophila melanogaster*, étudiée par Ephrussi et Beadle (1942) : la race sauvage de cette espèce a un œil rouge foncé, mais chez les mutants, les yeux peuvent être : vermillon, brun, blanc apigmenté. Les pigments sont des« ommatines». Si l'on transplante des yeux de mutants de divers types à des individus sauvages par exemple, on aboutit à l'acquisition du caractère « sauvage ». Il y a donc dans le milieu intérieur de l'hôte, des substances chimiques capables de déterminer la pigmentation oculaire, et le métabolisme de ces substances est sous la dépendance des gènes.

Nous n'avons examiné jusqu'à présent que des phénomènes relevant de l'hérédité chromosomique. En réalité, il existe une hérédité *extra-chromosomique* (cytoplasmique). Cette affirmation repose sur certains faits, en particulier sur l'existence de *particules cytoplasmiques douées de continuité génétique* : les *cinétosomes* des Ciliés, les *centrosomes* en sont des exemples ; Sonneborn (1947) a montré qu'il existe dans le cytoplasme des Paramécies des particules

« kappa » également douées de continuité génétique. Preer les a mises en évidence : elles sont colorables au Feulgen (1) et seraient par conséquent de nature désoxyribonucléique. On peut les assimiler à des virus.

L'Héritier et Teissier ont découvert chez la drosophile un *génoïde* qui contrôle la sensibilité au gaz carbonique de ces mouches. Le génoïde se transmet par le cytoplasme de l'œuf et sa multiplication dépend, dans une certaine mesure, de la composition génétique de la souche infectée. On compare aussi le génoïde à un virus.

La question qui se pose évidemment est de savoir s'il existe *un rapport entre les gènes du noyau et les particules douées de continuité génétique ?* Ephrussi et ses collaborateurs (1949-1953) ont montré que la synthèse d'enzymes respiratoires importantes, en l'occurrence la cytochrome-oxydase et la succino-déshydrogénase, requiert la présence simultanée d'un facteur *cytoplasmique* (qui peut être inactivé ou détruit par l'acriflavine) et d'un gène nucléaire dominant. Le facteur cytoplasmique est, selon Ephrussi, sous la dépendance du noyau en ce qui concerne son *fonctionnement*, et indépendant en ce qui concerne sa *reproduction*.

Ces résultats ont été obtenus en expérimentant sur la levure *Saccharomyces cerevisiae*. Celle-ci donne habituellement des colonies de 6,5 mm de diamètre. Si l'on ajoute au milieu de culture de l'acriflavine à 1/100 000, on constate que la population est totalement transformée ; l'analyse génétique montre que les cellules transformées se comportent comme si elles avaient subi une mutation cytoplasmique : les colonies n'ont plus que 2,5 mm, chaque cellule de ce type étant plus petite que celles des grandes colonies.

(1) Réaction spécifique des acides désoxyribonucléiques : la fuchsine décolorée par SO_2 peut être recolorée en présence de fonctions réductrices. L'ADN soumis à l'hydrolyse acide recolore la fuchsine grâce au désoxyribose qu'il contient.

La nature exacte du facteur cytoplasmique n'est pas encore connue. Mais on sait que les enzymes citées sont portées par des mitochondries et l'analyse cytologique des petites cellules y a révélé la présence de mitochondries dépourvues de cytochrome-oxydase (Yotsuyanagi, 1955).

Par ailleurs, des théories ont été émises : Sonneborn (1950) invoquait l'action de *gènes initiateurs de plasmagènes* (1) pour expliquer la différenciation des tissus somatiques au cours de l'embryogenèse. Selon Spiegelman (1948), ce serait la « population » des plasmagènes qui produirait les enzymes cellulaires.

Finalement, il ne paraît pas douteux que les gènes exercent leur activité par l'intermédiaire d'enzymes spécifiques.

Pour rester dans le domaine hypothétique nous citerons l'opinion de Frey-Wyssling (1953) à qui il paraît peu probable que le gène soit lui-même une enzyme. Il est douteux, de même, que le gène exerce une action catalytique (autre qu'enzymatique). Dans les conceptions actuelles le gène est l'assemblage d'un certain nombre de nucléotides qui déterminent, par l'intermédiaire de l'ARN messager et de l'ARN soluble (2) les séquences des acides aminés d'une protéine donnée, enzymatique ou non. Ce que l'on sait aujourd'hui de la structure de la membrane nucléaire grâce au microscope électronique concrétise en somme les observations faites depuis un certain temps, observations qui montraient qu'il existe des échanges entre le noyau et le cytoplasme. Ces échanges se font sans doute par les pores de la membrane nucléaire.

(1) Le terme de « plasmagènes » n'est plus employé : on ne parle plus que de *particules douées de continuité génétique.*

(2) Cf. chap. II, la « synthèse des protides ».

La comparaison des structures primaires d'enzymes, que l'on connaît de plus en plus largement, permet par ailleurs la mise en évidence de variations des séquences au cours de la *phylogenèse.*

La constatation de ce fait conduit à concevoir les changements qui se font au cours de la descendance, en d'autres termes l'évolution, comme le reflet de l'ensemble des mutations ponctuelles qui affectent les protéines constitutives d'un organisme.

Chapitre II

LES ENZYMES ET LA VIE DES ORGANISMES

I. — Les principales fonctions de la matière vivante

C'est grâce à tout un ensemble d'enzymes que les grandes fonctions des organismes peuvent exister. Les fonctions de nutrition en sont le plus bel exemple :

1. Les enzymes et la digestion. — Chez l'homme, le premier suc digestif qui entre en action au cours du repas, est la *salive*. On n'y trouve qu'une enzyme : l'*amylase salivaire*. Elle hydrolyse l'amidon, rapidement s'il est cuit, plus lentement s'il est cru. Le glycogène, de composition très voisine est également attaqué. Si l'on suit les transformations de l'amidon à l'aide de son principal réactif, l'iode, qui le colore en bleu, on constate à partir d'un certain moment que la coloration disparaît. Il s'est formé des corps plus simples que l'amidon : des dextrines, que l'enzyme continue à dégrader en dextrines de plus en plus simples. Le milieu s'enrichit progressivement en sucres réducteurs, surtout en maltose, qui constitue le dernier terme de la dégradation.

Il existe deux variétés d'amylase : l'α *amylase*, qui donne naissance à des dextrines et à un peu d'α maltose. Il y a de plus un peu de glucose ; la β *amylase*, qui libère du β maltose. Il n'y a jamais de glucose. L'α amylase est la plus répandue dans les deux règnes, la β amylase semble spéciale aux végétaux chlorophylliens. Les constituants minéraux de la salive fournissent à l'amylase salivaire les ions Cl^- qui sont indispensables à son bon fonctionnement, sous forme de KCl et de NaCl.

Malgré le peu de temps que les aliments passent dans la bouche, l'action de la salive n'est pas négligeable. D'abord, la sécrétion en est abondante et peut atteindre, avec bien entendu certaines variations, 1 litre par jour. Mais, surtout, la salive continue d'agir dans l'estomac. Elle n'est pas détruite immédiatement par le suc gastrique qui imprègne lentement les aliments et c'est pourquoi l'amidon subit une assez forte hydrolyse.

La digestion se poursuit sous l'influence du suc gastrique. Il contient deux enzymes principales : la *pepsine* et la *présure* ; la pepsine ne peut fonctionner qu'à un pH très bas, d'optimum 1,7 à 2,2. Précisément, l'acidité du suc gastrique est considérable ; elle est due à la présence d'acide chlorhydrique en solution à peu près décinormale. On y trouve également des chlorures, et par conséquent des ions Cl^- indispensables à la transformation du pepsinogène en pepsine. La pepsine, dont le suc gastrique contient 1 g/l environ attaque de nombreuses protéines, animales et végétales, telles que la caséine, la globine, la glutine..., mais les mucines, la kératine... lui résistent. L'hydrolyse par la pepsine porte sur les liaisons peptidiques et produit des molécules assez grosses, constituant des polypeptides dont certains ne sont pas forcément très complexes et de P. M. élevé. En une seule circonstance, l'attaque de l'albumine d'œuf, on a pu mettre en évidence la libération d'un acide aminé : la tyrosine. En fait, l'essentiel se résume en ceci que les produits de dédoublement sont tous solubles dans l'eau, quelle que soit leur origine. La paroi de l'estomac est protégée contre l'action de la pepsine par une mucine que secrètent de nombreuses cellules disséminées à la surface interne de la muqueuse. C'est vraisemblablement à un défaut de cette sécrétion qu'il faut attribuer l'ulcère de l'estomac.

Le suc gastrique du nourrisson, dont le pH optimum est de 4,5 à 5, contient beaucoup moins de pepsine et d'acide chlorhydrique, mais, par contre, on y trouve de la *cathepsine*, autre enzyme protéolytique. Elle est d'ailleurs très répandue dans tous les tissus animaux, notamment le foie et le rein. Elle est inhibée par la respiration des tissus ; elle les liquéfie après la mort.

Il y a aussi dans le suc digestif (surtout chez le nourrisson), une *présure*, protéase dont le pH optimum est à 5,35 et qui a la propriété de coaguler le lait. Le coagulum entraîne en se formant les matières grasses avec lui ; les sels de calcium favorisent l'action de la présure. On prépare cette enzyme à partir des caillettes de veau, par macération dans l'eau additionnée d'un antiseptique. Enfin, il existe dans la sécrétion gastrique de l'homme une *lipase* qui fonctionne peu ou pas. Chez l'adulte, parce que son pH optimum d'action se situe entre 8 et 9. Mais, chez le nourrisson, les graisses sont attaquées par une lipase contenue dans le lait maternel et activée par une lipokinase du suc gastrique de l'enfant.

Finalement, les aliments, qui ont subi l'action de la salive et du suc gastrique, sont transformés en une bouillie que les mouvements des muscles de l'estomac brassent régulièrement : le *chyme*, mais au point de vue chimique, toutes ces opérations correspondent à une phase de préparation de la digestion intestinale : la digestion gastrique n'est pas indispensable. L'essentiel se réalisera dans l'intestin grêle : le chyme y est expulsé peu à peu et va subir l'action des sucs pancréatique et intestinal. Mais les enzymes contenues dans ces deux sucs ne sont efficaces qu'en milieu alcalin ; le chyme sera d'abord neutralisé par le suc pancréatique qui contient une forte quantité de bicarbonate de soude (de concentration presque décinormale), ce qui explique le pH élevé du suc pancréatique : 8 environ. Dans le duodénum cependant, le pH est de 5 à 6. Le suc intestinal, dont le pH est de 7,7 interviendra ensuite et finalement, le contenu de l'intestin grêle sera caractérisé par un pH de 6 à 7 ; ce pH ne correspond pas à l'optimum de toutes les enzymes, mais cette déficience, à son tour, sera compensée par la présence de sels biliaires qui activent les protéinases trypsiques à pH = 6.

Les sucs pancréatique et intestinal, mélangés dans l'intestin grêle, agissent conjointement. Le suc pancréatique est efficace sur toutes les catégories d'aliments, mais il contient surtout des **enzymes protidolytiques** de grande importance. Pendant longtemps, on a désigné sous le nom de *trypsine* l'ensemble de ces enzymes dont on sait aujourd'hui qu'elles comportent des éléments variés. En particulier, on distingue parmi les protéinases *extraites* du tissu pancréatique deux enzymes qui sont elles-mêmes des protéines homogènes : la *trypsine sensu stricto* et la *chymotrypsine*. Le suc pancréatique prélevé directement à la sortie du canal de Wirsung est inactif sur la plupart des protéines. Il faut, pour qu'il puisse attaquer les protéines (sauf certaines protéines non dénaturées telles que le blanc d'œuf et le sérum sanguin) lui ajouter de *l'entérokinase* qui provient du suc intestinal. L'entérokinase qui, par ailleurs, est très répandue dans la nature, est une protéase, spécifique du précurseur de la trypsine : le *trypsinogène*. Ce précurseur est lui-même formé d'une combinaison de trypsine et d'un polypeptide inhibiteur que l'entérokinase sépare. La trypsine qui apparaît alors, en milieu alcalin, catalyse à son tour la transformation du trypsinogène, de sorte que la réaction peut être qualifiée d'autocatalytique. Le calcium possède aussi la propriété d'activer le suc pancréatique. La chymotrypsine, de son côté, présente des caractères comparables : il existe en effet un *chymotrypsinogène* que l'on connaît cristallisé, mais l'entérokinase ne peut rendre ce précurseur actif sur les protéines. Il suffit d'une trace de trypsine, pour obtenir ce résultat. Comme on n'a pu isoler cette fois de polypeptide inhibiteur, il est permis de penser que la protéolyse réalisée par la trypsine porte sur une partie d'un cycle à l'intérieur de la molécule. L'ouverture du cycle libérant les groupes actifs de l'enzyme lui rendrait toute son activité. La chymotrypsine diffère de la trypsine par la propriété qu'elle possède de faire coaguler le lait et de ne pas accélérer la coagulation du sang, contrairement à la trypsine. De plus, on ne saurait assurer que la chymotrypsine, étudiée sur les extraits de pancréas, existe réellement dans le suc sécrété par cette glande.

Activé, le suc pancréatique attaque énergiquement les protéines dénaturées, grâce à quelques enzymes que les méthodes d'adsorption sélective ont permis de bien connaître : les *protéinases trypsiques* ; une *protaminase* (1), une *carboxypolypeptidase*. Les protéinases transforment les protéines en polypeptides par rupture des liaisons peptidiques, puis dégradent les polypeptides jusqu'au stade de dipeptides. La carboxypolypeptidase détache successivement, au voisinage du carboxyle, les acides aminés des polypeptides dont la chaîne se termine par un groupement — COOH libre. L'action de l'enzyme cesse quand la chaîne n'est plus constituée que par deux acides aminés, car le voisinage d'un groupe — NH_2 libre arrête la transformation. En

(1) Les protamines sont des protéines simples, homogènes, de caractère basique. On les trouve notamment dans les noyaux cellulaires et le sperme de certains poissons.

fait, certains dipeptides peuvent être dédoublés par la carboxypolypeptidase (qui donne ainsi naissance à des acides aminés) alors que certains polypeptides ne le sont pas. Cette enzyme fonctionne apparemment sans avoir besoin d'être activée. L'action du suc pancréatique est efficacement complétée, en ce qui concerne la digestion des protides, par le suc intestinal. Celui-ci ne contient pas de protéinases, aussi est-il sans action sur les protéines, mais il possède des peptidases qui achèvent de désarticuler les peptides. L'ensemble des enzymes protéolytiques du suc intestinal était connu naguère sous le nom d'*érepsine*. On y trouve :

L'aminopolypeptidase, qui hydrolyse les peptides que la carboxypolypeptidase n'avait pu attaquer. Elle libère ainsi des acides aminés jusqu'au stade des dipeptides. Mais alors, une *dipeptidase* intervient et mène la dégradation à son terme ultime : celui des acides aminés.

Certains polypeptides ne sont pas attaqués par les enzymes précédentes. Ils le doivent à l'existence de cycles particuliers dans leur molécule : il s'agit de prolylpeptides qui contiennent de la proline, composé dans lequel un atome d'azote est engagé dans le cycle. La décomposition de ces produits se fera cependant grâce à deux enzymes : la *prolinase*, qui dégrade les peptides dont l'azote cyclique est relié à un atome d'hydro-

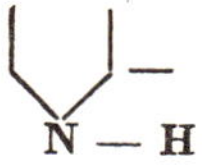

gène, et la *prolidase*, active sur les composés dans lesquels l'azote de la proline est relié à d'autres éléments.

Il reste à envisager le sort des nucléoprotéines, très abondants dans la nourriture, et que le suc gastrique n'attaque pas. Le suc pancréatique les dédoublera en : protéines, qui suivront le sort des protéines homogènes, et en acides nucléiques. Ces com-

TABLEAU I. — LA DIGESTION DES PROTIDES DANS L'INTESTIN GRÊLE

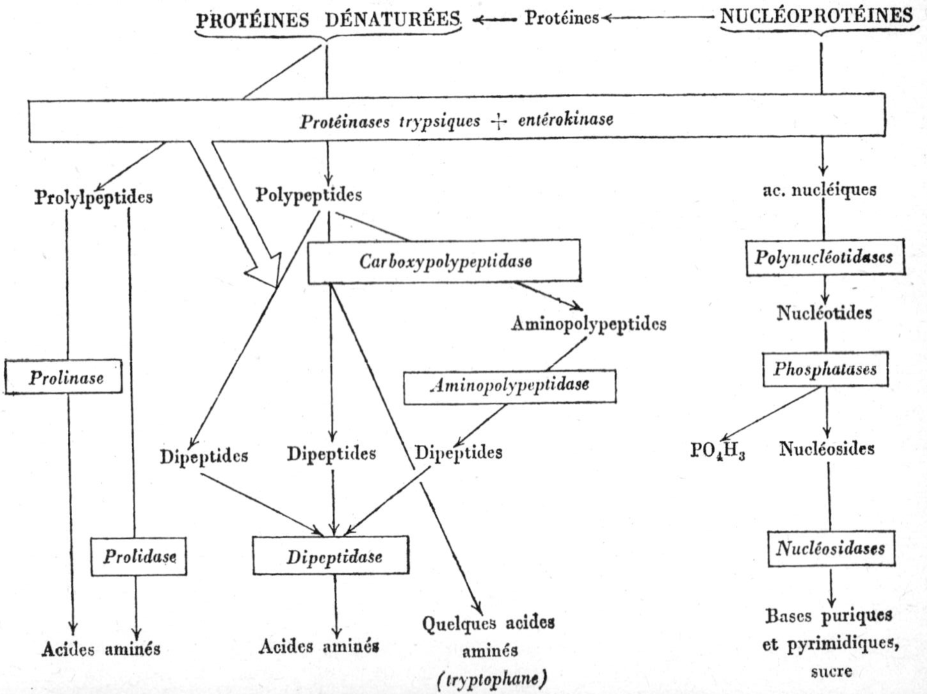

posés peuvent être plus ou moins polymérisés. Les enzymes qui les dépolymérisent sont : la *ribonucléase* et la *désoxyribonucléase* (RN-ase et DN-ase). Ce sont des enzymes du suc intestinal qui les réduiront en leurs constituants. Comme le montre le tableau ci-contre qui résume la digestion des protides dans l'intestin grêle, l'ultime dégradation des nucléoprotéines est réalisée par les *nucléosidases*. Ces enzymes ne se trouvent que dans la muqueuse intestinale, ce qui laisse à penser que les nucléosides seraient absorbés avant d'être attaqués (cf. tableau I, p. 72).

Les graisses sont également digérées dans l'intestin grêle : sous l'influence surtout de la *lipase pancréatique*. Mais Cl. Bernard l'a montré depuis longtemps : elle ne peut agir qu'en présence de la bile. Le phénomène présente alors deux phases : une phase physique : l'émulsion des graisses, favorisée par les protéines du suc pancréatique et la mucine de la bile ; une phase chimique : la décomposition des graisses naturelles par la lipase activée. On obtient ainsi des acides gras et de la glycérine ; il est acquis que la lipase attaque plus facilement les triglycérides que les di ou les monoglycérides, de sorte que l'hydrolyse des graisses dans l'intestin grêle s'arrête vraisemblablement au stade di ou monoglycéride. Les ions Ca^{2+} et Mg^{2+}, mais aussi Na^+ et K^+ facilitent l'hydrolyse. D'autre part, on a prouvé que les graisses, pour être absorbées, doivent être transformées en lécithines (diglycérides comportant un acide phosphorique et une molécule de choline) ; par conséquent, on peut admettre que les diglycérides provenant de la digestion des graisses doivent subir l'action d'une phosphorylase en traversant la muqueuse intestinale. Il convient d'ajouter que le suc pancréatique obtenu par fistule du canal de Wirsung contient une *lécithase* qu'on ne trouve pas dans les extraits glandulaires et que cette enzyme libère à partir des phospho-amino-lipides certains acides gras en partie non saturés, particularité qui leur confère des propriétés physiques spéciales. Il existe enfin une *cholestérolestérase* capable de réaliser la synthèse des esters du cholestérol dans les conditions de milieu que présente le duodénum et d'hydrolyser ces mêmes esters dans les cellules de la muqueuse intestinale. L'estérification dans l'intestin est favorisée par les sels biliaires ; elle se réalise aux dépens du cholestérol de la sécrétion biliaire et du cholestérol de l'alimentation, par les acides gras que la lipase et la lécithase ont libérés. La spécificité de la cholestérolestérase est étroite : elle n'agit pas sur des composés très voisins.

La transformation **des glucides** s'effectue au maximum dans l'intestin grêle. Et d'abord, les glucides de poids moléculaire élevé sont simplifiés par l'attaque de l'*amylase pancréatique* dont l'action est semblable à celle de l'amylase salivaire et libère par conséquent du maltose. Le maltose, à son tour, est dédoublé en deux molécules de glucose par une *maltase* intestinale. Le saccharose subit l'action de *l'invertine* ou *saccharase* qui le transforme en glucose et fructose. Enfin, la *lactase* hydrolyse le lactose en glucose et galactose. Quant aux sucres plus complexes, tels que l'inuline, qui se trouvent dans les légumes et les fruits, on ignore leur destinée.

Ainsi, après leur séjour dans l'intestin grêle, les produits de la digestion, formés d'eau et de sels minéraux, d'alcools, de savons et d'acides gras, de sucres simples, sont prêts à traverser la paroi de l'intestin et à passer dans le sang. Ces processus caractérisent la fonction *d'absorption* dont nous avons rencontré quelques aspects chimiques ; notons encore que les sucres simples devront eux aussi subir l'action d'une phosphorylase avant d'être absorbés.

Il est enfin nécessaire, pour être complet, de ne pas oublier que la digestion peut se poursuivre, sous certains aspects, dans le caecum et le colon ascendant où les microorganismes abondent. Ces microorganismes, qui provoquent par ailleurs les fermentations intestinales sont capables de sécréter des enzymes hydrolysantes à l'aide desquelles ils attaquent les matériaux nutritifs qui ont pu échapper à l'action des sucs digestifs, notamment les débris d'amidon et la cellulose. Ces actions sont négligeables chez l'homme, mais chez les herbivores qui n'ont pas non plus d'enzymes capables de dégrader la cellulose, les bactéries sont indispensables ; elles opèrent dans le tube digestif proprement dit.

L'importance de la digestion tient donc à l'intervention des enzymes. Elles dégradent d'une manière générale tous les produits complexes de l'alimentation et les transforment en substances très simples, auxquelles on donne le nom de « métabolites ». Les métabolites seront transportés par le sang et mis à la disposition des tissus et des cellules ; celles-ci leur feront subir une dernière dégradation beaucoup plus poussée ou les grouperont à nouveau en matériaux spécifiques susceptibles de s'intégrer à la matière vivante.

2. **Les enzymes et les échanges gazeux.** — Les échanges gazeux des êtres vivants portent sur l'oxygène et le gaz carbonique ; ils se réalisent dans l'appareil respiratoire (dont celui de l'homme est le type le plus perfectionné) chez les animaux qui en possèdent un et dans tous les tissus, des végétaux comme des animaux.

De ce point de vue, il n'y a qu'une enzyme à prendre en considération : l'*anhydrase-carbonique*. L'existence de cette enzyme fut postulée en 1928 par Henriquès ; la découverte et l'isolement en ont été faits en 1931 par Meldrum et Roughton. La réaction catalysée est la suivante :

$$CO_3H_2 \rightleftarrows \underline{\underline{CO_2}} + H_2O$$

L'anhydrase facilite la dissociation des bicarbonates du sang dans le bref intervalle pendant lequel il reste au contact de la muqueuse pulmonaire et permet au CO_2 sanguin de diffuser dans les poumons. Cette diffusion, en l'absence d'anhydrase, serait beaucoup trop lente, la différence des pressions partielles du CO_2 dans le sang (6 %) et dans l'air alvéolaire (5,6 %) étant très faible.

On purifie assez facilement l'anhydrase-carbonique ; on a pu la cristalliser. C'est une métalloprotéine qui contient du zinc. On lui connaît un assez grand nombre d'inhibiteurs : la dithizone, certains sulfamides, les dérivés halogénés alcalins.

L'anhydrase est étroitement localisée, dans le sang, à l'intérieur des globules rouges ; il n'y en a pas dans le sérum, ni dans la lymphe. Le sérum contient d'ailleurs un inhibiteur naturel de l'enzyme (Booth, 1936).

Le rôle joué par l'anhydrase au niveau des poumons dans les échanges gazeux est net ; mais il n'en est pas de même pour les tissus dans la plupart desquels on trouve de l'anhydrase : chez les Invertébrés par exemple, dont le métabolisme est assez lent et chez lesquels on peut expliquer le mécanisme des échanges gazeux en l'absence d'anhydrase.

3. **Les enzymes et la contraction musculaire.** — Dès le milieu du XIXe siècle, on considérait la dégradation du glycogène en milieu anaérobie comme l'un des points essentiels du phénomène de la contraction musculaire. Cette dégradation, qui libère de l'acide lactique, devait fournir l'énergie nécessaire à la contraction. Mais l'idée que nous nous faisons du fonctionnement d'un muscle est actuellement beaucoup plus complexe. Il ne saurait être question d'en traiter le détail. Tout au plus est-il possible d'en esquisser un schéma (sans tenir

compte des phénomènes énergétiques au sujet desquels on discute encore).

Trois substances sont indispensables aux réactions du **métabolisme** musculaire : l'acide adényl-pyrophosphorique (ou adénosine-triphosphate ou ATP), le phosphagène ou acide créatine-phosphorique, et le glycogène. Les deux premières sont constamment décomposées et resynthétisées. Le glycogène est sans cesse consommé. Il semble acquis à l'heure actuelle que l'hydrolyse de l'ATP accompagne le phénomène de contraction. Schématiquement :

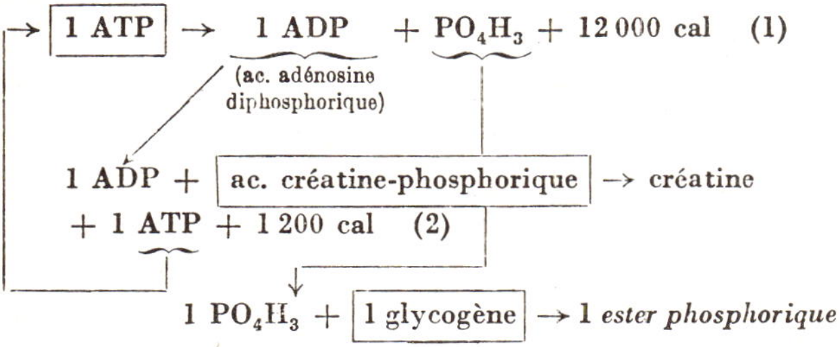

Cet ester phosphorique est le début d'une série de composés formés au cours des transformations qui vont suivre et qui donneront naissance à de *l'acide lactique*. A tous les stades intermédiaires, on admet à présent l'intervention d'une enzyme ; et comme on estime à près de cinquante le nombre de ces enzymes, il est facile d'imaginer la complexité du phénomène. Il est vrai qu'il faut distinguer parmi les enzymes, celles qu'on trouve normalement dans les processus respiratoires : cytochromes, ferment rouge de Warburg... et les enzymes spécifiques du muscle.

Précisément, une des questions les plus intéressantes à signaler dans ce chapitre se rapporte aux propriétés *enzymatiques* de certaines **protéines** musculaires, à tout le moins à des enzymes qui leur sont étroitement associées (1). Il s'agit des protéines myofibrillaires (qui constituent les fibrilles des fibres musculaires striées).

Les protéines les plus étudiées à ce jour, et qui jouent vraisemblablement un rôle prépondérant dans la contraction musculaire sont : la *myosine*, l'*actine* et l'*actomyosine*, cette dernière représentant un complexe de molécules de myosine et de molécules d'actine. On peut obtenir des fils d'actomyosine capables de se contracter sous l'influence de l'ATP ; on a ainsi des modèles plus ou moins fidèles de la myofibrille musculaire et de sa contraction.

En 1939, Engelhardt et Ljubimova mettaient en évidence une activité *ATP-asique* dans la myosine. En 1946, d'autres auteurs y trouvaient une activité *acide adénylique désaminasique* que l'on réussit plus tard à dissocier de l'activité ATP-asique. En 1957, on a cristallisé une *désaminase* d'origine myofibrillaire, différente de la myosine, mais possédant des propriétés d'extractilité identiques, de sorte qu'on peut admettre que la désaminase contamine les préparations de myosine, mais ne fait pas partie intégrante de la molécule de myosine. La myosine possède également une activité *acétylcholinestérasique* (1957).

4. **Les enzymes et la formation des dépôts minéraux.** — Les dépôts minéraux sont très variés dans la nature : dépôts siliceux des diatomées, dépôts de tartrates et d'oxalates dans les cellules végétales, mais surtout dépôts de phosphate et de calcaire

(1) Le muscle est le siège d'un métabolisme, comme tous les tissus, mais la contraction proprement dite est le fait des protéines caractéristiques du muscle, protéines dont il est question dans cette page.

des tissus osseux, dépôts calcaires des œufs, des coquilles et des carapaces d'animaux.

Les mécanismes de formation des os et des coquilles sont loin d'être parfaitement connus, mais leur étude est la plus avancée ; celle des dépôts siliceux et autres reste à faire ou est en cours. En tout cas, et pour des raisons qu'il est facile de comprendre puisque la médecine s'intéresse au problème, c'est l'étude des os qui a fourni la plus grande partie des renseignements que l'on possède actuellement.

Les dépôts osseux, ceux des os longs ou ceux des os plats, sont formés de deux parties : une partie organique, fondamentale, contenant diverses substances, et une partie minérale qui se « fixe » sur la première. Ce schéma est également valable pour les œufs, les coquilles et les carapaces d'Invertébrés. On connaît assez mal la constitution de la matière organique ; on s'est surtout attaché à étudier la partie minérale : les os, dont les sels minéraux forment 60 à 70 % du poids sec, sont constitués pour 85 % environ de ces mêmes sels par du *phosphate tricalcique* α, isomorphe des apatites naturelles de formule $3\ (PO_4)_2Ca_3,\ H_2\ (OH)_2$ ou par de l'*hydroxyapatite*, de formule :

$$3\ (PO_4)_2Ca_3,\ (OH)_2Ca$$

Par ailleurs, on y trouve du calcaire, CO_3Ca, libre ou combiné sous forme de carbonato-apatite.

En 1923, Robison proposait de faire intervenir une *phosphatase alcaline* dans la précipitation phospho-calcique. En effet, tous les tissus qui s'ossifient paraissent doués d'une activité phosphatasique intense ; il s'agit d'une phosphomonoestérase, localisée dans la zone hypertrophique du cartilage de conjugaison, le cartilage hyalin en étant dépourvu. L'activité de l'enzyme persiste tant que la croissance n'est pas terminée ; les os adultes en renferment peu. La phosphatase hydrolyserait les esters phosphoriques du milieu sanguin qui irrigue l'os ; il en résulterait un enrichissement en ions PO_4^{---}, *in situ*, ce qui, entraînant un déplacement de l'équilibre de solubilité du phosphate tricalcique, déterminerait la précipitation d'une partie de ce composé. Mais la théorie de Robison s'avéra insuffisante pour expliquer de nombreux faits.

Gutman montra, avec Glock (1940), que le glycogène intervient dans la calcification et que l'utilisation de ce composé met en jeu tout un métabolisme, conditionné par l'intervention de nombreuses enzymes (déshydrogénases, énolase, des phosphatases...). Remarquons que des ions PO_4^{---}, provenant du milieu dans les conditions indiquées par Robison, sont fixés sur le glycogène par une *phosphorylase*, processus qui constitue le point de départ de l'utilisation métabolique du glycogène. Mais on n'avait pu préciser par quel mécanisme les composés fournis par la dégradation du glycogène donnaient naissance au phosphate de calcium.

Pour P. Cartier (1952), le dépôt minéral initial serait constitué par du *pyrophosphate de Ca*. C'est l'ATP du cartilage qui fournirait le pyrophosphate, la phosphorylation s'effectuant à l'aide d'un mécanisme enzymatique que l'auteur qualifie « d'ATP asique », activé par les ions Mg^{++}, inhibé par les réducteurs et distinct de la phosphatase (qui pourrait, elle, hydrolyser le pyrophosphate formé au début de l'opération), de sorte qu'on ne retrouve dans l'os que du phosphate de calcium (1).

Nos conceptions actuelles de l'ossification sont encore susceptibles d'être remaniées. Notons seulement, du point de

(1) Les problèmes de la calcification et de l'ossification sont traités plus en détail in *Le calcium et la vie*, par J. Stolkowski, coll. « Que sais-je ? », n° 757.

vue qui nous intéresse, qu'il intervient sans doute des *protéinases* au cours de remaniements qui affectent la trame organique des os, lorsque, après la *fixation* (typique) du calcium et des phosphates ou du carbonate sur les protéines des os, les sels cités sont remis en circulation dans le milieu.

En ce qui concerne la **calcification** proprement dite (formation des dépôts calcaires : coquilles des Mollusques, carapaces de Crustacés, spicules divers...), presque toute l'étude biochimique reste à faire. On a surtout invoqué l'intervention de 2 enzymes dans ce phénomène : celle d'une *phosphatase alcaline* (Manigault, 1939) et celle de l'*anhydrase-carbonique* qui orienterait, lors de la formation du calcaire des coquilles, la cristallisation vers l'aragonite, forme métastable du calcaire largement répandue dans le règne animal (J. Stolkowski, 1950).

5. **Les enzymes et le fonctionnement du système nerveux.** — L'importance du système nerveux est évidente : c'est un facteur de coordination entre les différents tissus et un facteur de régulation du fonctionnement tissulaire. C'est pourquoi les recherches sur la transmission de l'influx nerveux revêtent un grand intérêt, indépendamment de leur aspect documentaire.

On admet actuellement que le mécanisme de cette transmission, complexe, est de nature physique autant que chimique ; le processus physique provoquerait la libération d'adrénaline à l'extrémité des nerfs du système sympathique, d'acétylcholine à celle des nerfs parasympathiques : ces deux substances, appliquées sur des cellules vivantes dépourvues d'innervation, imitent absolument l'action des nerfs de l'un ou l'autre système, d'où le nom qu'on leur a donné de substances « sympathico ou parasympathico-mimétiques » ; c'est donc par l'intermédiaire de produits bien déterminés que les nerfs agissent sur les organes auxquels ils sont reliés : il est probable que la transmission de l'influx nerveux dans les synapses des ganglions ou les jonctions neuro-musculaires se font de la même manière. Les premiers travaux sur cette question (Lœwi, 1921) opposaient les deux catégories de nerfs : ceux qui libèrent de l'adrénaline et ceux qui libèrent de l'acétylcholine. On sait aujourd'hui que l'acétylcholine (qui est un ester de la choline), constitue en réalité l'intermédiaire chimique le plus répandu :

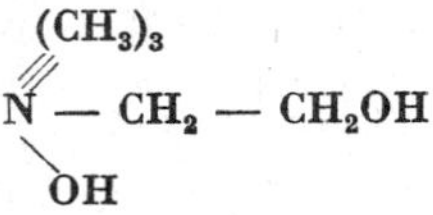

Choline

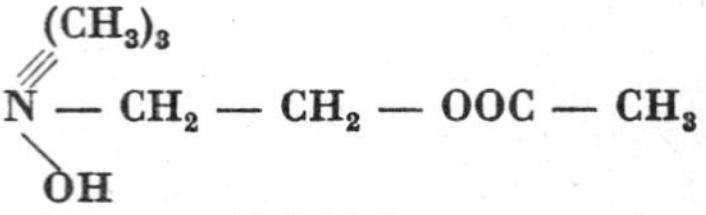

Acétylcholine

Son activité se manifeste aussi bien dans le système nerveux autonome que dans l'axe cérébro-spinal, et de plus, il semble bien que l'adrénaline soit susceptible de favoriser la transformation *in vivo* de la choline en acétylcholine.

Mais l'action de l'acétylcholine est brève, ce qui est heureux, car cette molécule, libre dans les tissus, serait éminemment nocive. Il existe, en effet, dans les organes une estérase, la *cholinestérase*, qui, en hydrolysant l'acétylcholine, libère de la choline mille fois moins active.

Le mécanisme essentiel qui nous intéresse ici est celui de la transmission chimique de l'influx nerveux. Dans l'état actuel de nos connaissances, rien n'est définitivement prouvé, mais en s'aidant de quelques hypothèses, Nachmansohn et ses collaborateurs ont pu postuler que la transmission des impulsions est intimement liée à des changements cycliques dans le métabolisme de l'acétylcholine, l'un des principaux (mais non le seul) des médiateurs chimiques.

D'abord, dans la phase stationnaire, l'acétylcholine serait combinée avec divers composants cellulaires (protéines spécifiques ?). L'excitation du nerf détacherait l'acétylcholine *(Ach)* de cette liaison. A ce moment, l'acétylcholine dépolariserait la membrane en se combinant avec un récepteur spécifique localisé à sa surface, rendant ainsi la membrane perméable aux ions Na^+ que l'on considère comme seuls responsables de l'activité nerveuse. Ensuite, l'Ach est décomposée par la cholinestérase en ses 2 composantes inactives : la choline et l'acide acétique. La membrane reprend son état initial.

Acétylcholine → choline + acétate

Ces 2 composés sont utilisés pour la resynthèse du médiateur. D'une part, l'acétate passe à l'état d'acétyl-CoA en présence d'ATP (provenant de la respiration du tissu).

$$\text{Acétate} + \text{CoA} \xrightarrow[\textit{(acétyl-kinase)}]{\text{(ATP)}} \text{acétyl-CoA} + \text{ADP} + \text{Phosphate}$$

D'autre part, l'acide acétique actif acétyle la choline grâce à la *choline acétylase.*

$$\text{Choline} + \text{acétyl-CoA} \xrightarrow[\textit{(choline acétylase)}]{} \text{Ach} + \text{CoA}$$

Ce qui n'est pas définitivement prouvé mais est très vraisemblable, c'est la liaison de l'acétylcholine à un récepteur protéique (dont la nature ne nous est pas connue).

II. — Enzymes, tissus et sécrétions

Indépendamment de leur rôle dans les grandes fonctions que nous avons examinées, les enzymes assurent à certains organes ou à certains tissus, une physiologie particulière. Cela apparaît nettement dans le cas du sang, du foie, du rein...

Le sang. — Le milieu intérieur des animaux pluricellulaires est formé par le sang et la lymphe qui baignent tous les organes. Les substances fondamentales du sang se retrouvent dans la lymphe, bien que ce dernier liquide, qui reçoit les aliments absorbés au niveau de l'intestin grêle, ait une composition assez variable. Si l'on considère que les tissus déversent obligatoirement le produit de leur métabolisme dans le sang et la lymphe circulants, on conçoit que les constituants du sang aient deux origines : l'une exogène, l'autre endogène ; de plus, les éléments du sang sont constamment renouvelés ou rajeunis par l'activité physiologique normale de l'organisme. Tout cela reste valable pour les enzymes.

Parmi les enzymes qui proviennent des tissus, on trouve : une amylase, qui provient essentiellement du pancréas, mais que le foie et les glandes salivaires peuvent également fournir ; une lipase, issue du pancréas et du foie ; de l'arginase, qui provient du foie ; de la cholinestérase, produite par le système nerveux...

Parmi les *enzymes endogènes*, certaines sont spécifiques au sérum, d'autres aux globules rouges, d'autres encore aux globules blancs.

Le sérum contient notamment deux phosphatases ; la première est une phosphatase alcaline ; son pH optimum se situe aux environs de 9, et son activité dans le sang est constante, bien qu'elle soit faible. Ce ferment hydrolyse le β glycérophosphate de sodium plus rapidement que l'α. Il est activé par les sels de magnésium. La seconde est une phosphatase acide dont le pH optimum se situe entre 5 et 6. Elle n'est pas inhibée par les sels de magnésium. Son activité est très faible dans le sang.

Mais les principales enzymes du sérum proviennent des éléments figurés qu'il transporte : non seulement l'anhydrase-carbonique et la diphosphopyridine nucléotidase qui sont localisées dans les globules rouges, mais aussi les ferments sécrétés par les globules blancs et dont la présence se manifeste au cours de certains phénomènes biologiques.

Les globules blancs ou leucocytes sont des cellules dont il existe différents types. Elles sont douées d'une propriété remarquable : elles peuvent englober un fragment de matière ou une cellule étrangère au sang et les digérer ; cela implique la sécrétion par les leucocytes de ferments digestifs. En fait, ce sont des enzymes de toutes catégories qui sont libérées dans le sérum ou qui existent à l'intérieur de ces cellules. Il n'est pas exagéré de considérer les globules blancs comme des glandes à enzymes. On y a mis en évidence des oxydases et des peroxydases, des réductases, une catalase : cette dernière enzyme catalyse la décomposition de l'eau oxygénée suivant la réaction :

$$H_2O_2 \rightarrow H_2O + 1/2\ O_2$$

C'est pourquoi l'eau oxygénée « mousse » quand on la répand sur les plaies.

Quant à la lécithase et à la cholestérolestérase du sérum, il est possible qu'elles proviennent du pancréas, mais il n'est pas exclu que les leucocytes puissent en former. C'est à un ferment des globules blancs que serait dû le pouvoir du sang de coaguler le lait. De même, si dans le sang abandonné à lui-même, *in vitro*, le glucose disparaît spontanément, la cause en est due à l'existence du système glycolytique des leucocytes qui transforme le glucose en acide lactique. Aussi est-il nécessaire, quand on veut doser le glucose sanguin, d'ajouter au milieu 1 à 2 g pour 1 000 de fluorure de sodium ou de maintenir au froid le liquide prélevé.

Les protéases des globules blancs sont assez variées. On connaît des peptidases, une désaminase, une nucléase issus des globules blancs. On s'explique par là les rôles antitoxique et anti-infectieux de ces cellules.

Ce rôle est encore essentiel, sinon exclusif, dans la coagulation du sang.

LA COAGULATION DU SANG est un phénomène connu de tous ; il se produit quand le sang sort des vaisseaux, et notamment au contact des parois mouillables d'un récipient. C'est pourquoi on conserve le sang dans des vases paraffinés. La coagulation du sang se traduit par la formation d'un caillot solide d'où sort bientôt un liquide jaune clair, transparent : le sérum. Ce sérum possède la même composition que le plasma sanguin, avec en moins un élément : le *fibrinogène* qui a donné naissance au gel de fibrine dont est formé le caillot (avec les globules rouges qu'il englobe). Le fibrinogène est une substance fabriquée par le foie : on la trouve dissoute dans le plasma d'où elle précipite en fibrine sous l'action d'un ferment : *la thrombine*. La thrombine, de son côté, n'est pas présente sous cette forme dans le sang circulant ; comme nous l'avons vu fréquemment pour d'autres enzymes, elle provient d'un précurseur, en l'occurrence la « prothrombine ».

Le mécanisme de la coagulation n'est pas simple et bien des théories ont vu le jour à ce sujet depuis cinquante ans. Ce que l'on admet universellement à l'heure actuelle peut se ramener à deux phases : dans un premier temps, la prothrombine, en présence d'ions calcium, se transforme en thrombine ; dans un deuxième temps, le fibrinogène, en présence de thrombine, précipite sous forme de fibrine.

1er TEMPS : *Prothrombine* + *Thrombokinase* + + Ca^{++} + *Vit. K* → THROMBINE

2e TEMPS : *Fibrinogène* + *Thrombine* → FIBRINE

Les facteurs qui interviennent au cours de ces transformations proviennent du sérum lui-même, des globules blancs et d'éléments qui sont très étudiés actuellement : les plaquettes sanguines.

Les plaquettes sanguines sont des cellules très petites (1,5 — 3 µm) dépourvues de noyau, riches en inclusions de toutes sortes. Elles contiennent une protéine contractile, la « thrombosthénine ». Elles circulent normalement dans le sang, mais adhèrent rapidement à la paroi du vaisseau dès qu'il y a modification de la structure endothéliale ; elles se collent (elles agrègent) les unes aux autres et libèrent leur contenu granulaire dans le milieu plasmatique. Cette libération à son tour conduit à une agrégation irréversible des plaquettes, et c'est là une étape précoce au cours de l'hémostase.

De nombreuses substances induisent la libération et l'agrégation plaquettaire, donc agissent sur la coagulation ; d'autres inhibent les fonctions plaquettaires, l'AMP cyclique par exemple.

Les plaquettes ont de nombreuses activités enzymatiques : 10 à 15 ont été mises en évidence dans la seule membrane, des protéines kinases, une phosphatase acide par exemple...

La *prothrombine*, le calcium (ionisé), la vitamine K, qui interviennent dans la formation de la prothrombine, se trouvent dans le sérum. Par conséquent, tous les composés susceptibles de précipiter ou de complexer les ions Ca^{++} sont des inhibiteurs de la coagulation (fluorures, citrates, oxalates alcalins...). Mais la formation de la prothrombine dans le sérum est compliquée et dépend de nombreux inhibiteurs et activateurs qui ne sont pas tous dénombrés.

La *thrombokinase* serait issue des globulins et des tissus lésés lorsque le sang sort des vaisseaux. La thrombokinase (ou thromboplastine) manque aux hémophiles dont le sang coagule mal ou pas du tout.

Il reste à expliquer pourquoi le sang ne coagule pas dans les vaisseaux (sauf cas pathologique). Il semble que cela soit dû à la présence *d'antithrombines* dans le plasma. La principale de ces antithrombines serait l'HÉPARINE, produite par le foie et qui empêcherait la prothrombine de subir l'action du Ca^{++}. L'héparine serait neutralisée à son tour, lors de la coagulation, par la thrombokinase ?

Le foie, que l'on peut considérer comme le carrefour principal de l'organisme, chez les Mammifères par exemple. Placé sur le trajet veineux, le foie transforme *tous* les produits que le sang lui apporte. Ces transformations métaboliques sont réalisées grâce à des enzymes ; il est impossible d'énumérer toutes les enzymes que l'on peut trouver dans le foie ; c'est sans doute l'organe du corps qui en est le plus riche. Prenons quelques exemples : la *lipase* permet au tissu hépatique de détruire ou d'accumuler les graisses suivant les circonstances. La fonction glycogénique du foie s'exerce grâce à de multiples enzymes : une *phosphorylase* notamment ; une *amylase* qui forme du glucose à partir du glycogène, mais sans passer par le maltose, contrairement à l'amylase salivaire.

La fonction uropoïétique du foie, chez les Mammifères, fait intervenir l'*arginase*. Les transformations qui conduisent à la synthèse de l'urée, sont, globalement, celles du cycle de l'urée de Krebs, dont le point de départ est fourni par l'ornithine,

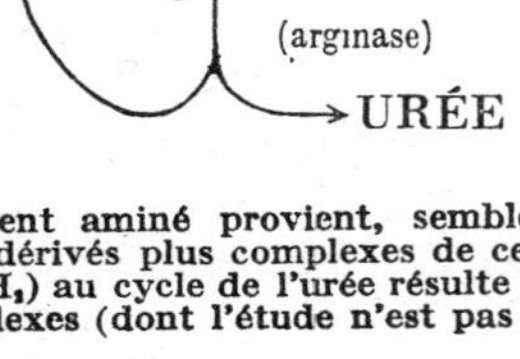

(1) Le groupement aminé provient, semble-t-il, du carbamylphosphate, ou de dérivés plus complexes de ce composé. La participation du ($-NH_2$) au cycle de l'urée résulte donc d'un ensemble de réactions complexes (dont l'étude n'est pas terminée).

un acide aminé présent dans le foie : l'ornithine est régénérée. Le même cycle existe chez certains Invertébrés (Mollusques, Gastéropodes...) dont l'hépatopancréas est riche en arginase.

Par ailleurs, on trouve dans le foie des enzymes de toutes sortes, les unes banales, mais fortement actives dans ce tissu (la cathepsine, la catalase, des estérases, des phosphatases), les autres presque spécifiques : diverses déshydrogénases, des coenzymes, l'aldéhydomutase qui agit sur les molécules d'aldéhyde, donnant, d'une part de l'acide par oxydation, d'autre part de l'alcool par réduction.

Le rein contient des enzymes banales, mais aussi certaines qui conditionnent l'activité physiologique de cet organe : une *désaminase* qui agit sur les acides aminés de la série *d* ; une *enzyme synthétisante* qui forme de l'acide hippurique, une phosphatase alcaline et de nombreux autres ferments qui attaquent les glucosides, les esters, les phénols, des amides.

Les téguments doivent leur coloration à l'activité d'une ou deux enzymes, suivant les animaux : *dopa-oxydase* qui oxyde la dioxyphénylalanine (d. o. p. a.) chez l'Homme ; la *tyrosinase* chez les Batraciens qui possèdent un pigment noir.

La glande mammaire contient une *phosphatase alcaline* ; le lait est riche en *amylase* ; il contient aussi une *lipase*, une *peroxydase*, une *xanthine-déshydrogénase*.

Le sperme possède une *amylase*, une *thrombokinase*, de la *hyaluronidase* ou facteur de diffusion (qui sera étudié plus loin).

On peut faire une revue semblable chez les Végétaux, avec cette nuance que les fonctions y sont moins nettement individualisées que chez les Animaux. Mais on retrouve dans les cellules des enzymes qui agissent sur les trois principales catégories d'aliments :

Sur les glucides : la β *glucosidase*, ferment qui hydrolyse les β glucosides (dans les fruits de Rosacées par exemple) ; l'*amylase*, la *sucrase*...

Sur les protides : la *ficase* du figuier ; la *papaïne* et la *chymopapaïne* que l'on extrait du papayer, mais qui joue sans doute un rôle actif dans la digestion des captures chez les plantes carnivores : Népenthès, Drosera...

Sur les graisses : par exemple, la *lipase* du ricin.

Enfin, il existe des enzymes spécifiques à certaines plantes ou familles de plantes : la *myrosine* des Crucifères, des Résédacées ; l'*inulase*, les *pectinases* des fruits...

III. — Les enzymes et la vie des cellules

L'activité conjuguée des organes, le fonctionnement des tissus organisés en systèmes qui constituent l'être vivant pluricellulaire, montrent clairement le rôle fondamental que jouent les enzymes dans la physiologie des animaux, plus précisément dans les corrélations fonctionnelles. Mais, chaque cellule a son activité propre. Malgré la multiplicité des formes, malgré les spécialisations physiologiques, il existe des phénomènes particuliers à toutes les cellules, inséparables de leur vie même : la transformation des métabolites en matière vivante, autrement dit « le *métabolisme intermédiaire* », la respiration, résultat des *oxydations cellulaires*, les *fermentations* qui ne sont qu'une variante des oxydations cellulaires. Bien qu'on retrouve à l'analyse les mêmes constituants fondamentaux dans toutes les cellules vivantes : l'eau, les sels, les glucides, les lipides et les protides, nous ne savons pas en quoi consiste la diversité chimique qui correspond aux différenciations fonctionnelles. Mais ce que l'on connaît, c'est le caractère de perpétuel remaniement qui affecte la composition chimique de la cellule : cela est dû à l'intervention de *ferments endocellulaires*, très puissants et très variés. Ils dégradent, synthétisent, transforment. Nous avons déjà rencontré les *cathepsines* dont le pH optimum d'action est égal à 6 et qui fonctionnent peu au pH = 7,4 qui est celui du milieu intérieur. Ils autolysent les tissus après la mort ; mais il y a des enzymes autolysantes dans les cellules vivantes ; bien plus, chaque tissu a ses enzymes autolysantes spécifiques. L'autolyse est spontanée et rapide dans les cellules du foie, du rein, de la rate ; elle est plus lente dans le muscle ou le cerveau ; les cellules mortes et les tissus en voie de destruction sont ainsi résorbés (avec l'aide aussi des phagocytes).

On peut alors se demander pourquoi les ferments n'attaquent pas les constituants mêmes de la cellule. Il n'y a pas de réponse expérimentale à cette question ; on ne peut que faire des hypothèses : par exemple, il est possible que les enzymes synthétisent autant qu'elles dégradent sous l'action de conditions de milieu variables. Quand la synthèse l'emporte sur l'autolyse, la cellule s'accroît. Ou bien il existe des enzymes de synthèse dont nous connaissons quelques exemplaires, ou bien chaque enzyme dans la cellule vivante est isolée du reste du cytoplasme par des différenciations protoplasmiques et ne peut donc attaquer les constituants fondamentaux...

1. **Les enzymes et le métabolisme intermédiaire. — Les protides,** dégradés, fournissent des acides aminés. Ceux-ci seront oxydés dans la cellule par *désamination* suivant des réactions du type suivant :

$$\underbrace{CH_3 - CHNH_2 - COOH}_{\text{Alanine}} + 1/2\ O_2 \rightarrow$$

$$\rightarrow \underbrace{CH_3 - CO - COOH}_{\text{Ac. pyruvique}} + NH_3$$

ou par *transamination*, le groupement azoté passant alors sur une autre molécule. Les enzymes qui permettent ces réactions sont, par exemple : les amino-acide oxydases, une *désaminase*, des *transaminases*... L'essentiel se fait par transamination. Des acides aminés sont aussi *décarboxylés*.

L'ammoniaque est éliminée finalement sous forme d'urée, chez les Mammifères, après avoir participé au cycle de l'ornithine, dans les conditions précédemment indiquées.

Les acides α cétoniques, dont l'ac. pyruvique est un exemple, auront des destinées différentes suivant leur nature : *a)* Ceux qui sont *glycoformateurs*, provenant d'acides aminés tels que le glycocolle, l'alanine... donneront des *glucides* ou du *glycogène* ; ils participent à la *néoglycogenèse* ; *b)* Les autres, qui sont issus de la leucine, de la tyrosine ou de la phényl-alanine, sont *cétogènes*, et suivent le sort des acides cétoniques provenant du métabolisme des lipides.

Les acides nucléiques, qui font partie des nucléoprotéines, comme nous l'avons vu, donneront des *bases puriques* (adénine, guanine) qui, désaminées en hypoxanthine et xanthine respectivement, seront transformées en *acide urique* sous l'influence de la xanthine-oxydase, et des *bases pyrimidiques* (uracile et cytosine) qui formeront de l'urée.

L'acide urique sera le terme final de la dégradation chez les Oiseaux, les Reptiles et les Mollusques gastéropodes. Mais chez les Batraciens et les Poissons, la dégradation se poursuit, donnant naissance à des produits divers, sous l'influence des enzymes indiquées et c'est finalement encore de l'urée, plus soluble que l'acide urique qui sera excrétée.

$$\textit{Ac. urique} \xrightarrow[\textit{Uricase}]{} \textit{allantoïne} \xrightarrow[\textit{Allantoïnase}]{} \textit{ac. allantoïque} \xrightarrow[\textit{Allantoïcase}]{}$$

$$\rightarrow \textit{ac. glyoxylique} + \textit{urée}$$

Chez l'Homme et chez les Singes, il se forme un peu d'acide urique, mais surtout de l'urée, par d'autres voies.

A) *Nucléotides*. La biosynthèse des nucléotides à *bases pyrimidiques* a été en partie éclaircie par des travaux effectués sur les micro-organismes. Les bases pyrimidiques dérivent d'un précurseur commun : l'acide orotique. Des enzymes ont été découvertes au cours de ces travaux : carbamylases, transcarbamylases (1).

La biosynthèse des nucléotides à *bases puriques* est beaucoup plus complexe que celle des nucléotides pyrimidiques. Sans entrer dans le détail signalons simplement dans ce métabolisme l'intervention de phosphokinases qui phosphorylent les nucléosides en nucléotides.

Ces synthèses sont celles des nucléotides monophosphates. En présence d'une kinase, et dans les conditions de la phosphorylation oxydative, les monophosphates formeront des di et triphosphates.

B) *Polynucléotides*.

a) *Nucléotides à ribose*. En 1955, Manago-Grunberg et Ochoa ont isolé d'un micro-organisme, *Azotobacter vinelandii*, la « *polynucléotide-phosphorylase* ».

Il n'est pas certain que cette enzyme joue un rôle important dans la matière vivante. Parmi d'autres arguments, en effet, signalons que la synthèse de l'ARN, *in vivo*, exige la présence d'acides aminés libres, alors que le système envisagé n'a pas cette exigence.

On a aussi isolé récemment, à partir de tissus animaux, l'*ARN-polymérase* qui synthétise des polynucléotides à partir de nucléosides-triphos-

(1) Formule de l'acide carbamique : $H_2N - COOH$.

phates. Il faut à ce système une « amorce », un modèle en quelque sorte. C'est parfois de l'ARN, mais on connaît un cas où c'est de l'ADN. L'ARN synthétisé possède alors une composition équivalente à celle du modèle ADN. Il se pourrait, selon des travaux récents, que cette enzyme soit liée aux chromosomes. L'actinomycine, antibiotique récemment découvert, inhiberait spécifiquement l'ARN-polymérase.

b) *Nucléotides à désoxyribose*. A. Kornberg a isolé un système enzymatique capable de synthétiser l'ADN *in vitro* à partir de nucléosides-triphosphates libres. L'enzyme a été extraite et purifiée à partir d'Escherichia coli et de tissus animaux et végétaux. La réaction ne peut se faire qu'en présence d'une « amorce ». L'enzyme extraite d'Escherichia coli peut fonctionner non seulement avec de l'ADN d'E. coli comme amorce, mais aussi avec des ADN de sources très variées (tissus animaux, virus bactériens...). Le produit formé synthétiquement a une conformation identique à celle du produit qui sert d'initiateur.

Biosynthèse des protides

Si l'on admet, en gros, que la synthèse des acides aminés se fait par les processus d'amination ou de transamination, on n'a obtenu que quelques succès dans les tentatives effectuées pour synthétiser les protéines en suivant l'ordre inverse de leur dégradation : il s'agit de la *synthèse des peptides*, dans laquelle interviennent des protéases (papaïne surtout) et des peptidases. Le lien peptidique — CONH — notons-le, peut être aussi transféré d'un composé sur un autre par des transpeptidases et des transamidases.

Mais nos connaissances ont fortement progressé ces dernières années quand les biochimistes ont abordé le problème de la biosynthèse des protides en cherchant à expliquer pourquoi et comment *un organisme donné synthétise toujours les mêmes protéines*, autrement dit en tenant compte des problèmes héréditaires et plus précisément du mécanisme de « l'information génétique ».

Depuis 1941, J. Brachet et T. Caspersson avaient montré que l'ARN devait jouer un rôle dans la synthèse des protides. On distingue plusieurs types d'ARN : l'un par exemple, de PM élevé (10^6), associé sous forme particulaire à des protéines dans les microsomes et les ribosomes, un autre, l'*ARN soluble* (ARN_s) dont le PM moyen est de 30 000. Ce sont les acides nucléiques qui déterminent la structure et gouvernent la synthèse des protéines. Cette affirmation implique qu'une variété d'ARN au moins peut provenir du patrimoine génétique : on a caractérisé, en effet, l'*ARN messager*, qui sert d'intermédiaire entre le déterminant génétique (le gène) et le lieu de synthèse (les ribosomes). Cet ARN, très instable, a une composition en bases équivalente à celle de l'ADN au contact duquel il s'est formé. Il se fixe sur la surface des ribosomes où il jouera un rôle de « matrice », orientant ensuite les acides aminés qui se relieront les uns aux autres dans la chaîne polypeptidique. On admet que le RNA messager s'étale sur plusieurs ribosomes, formant ainsi un *polysome* (fig. 4).

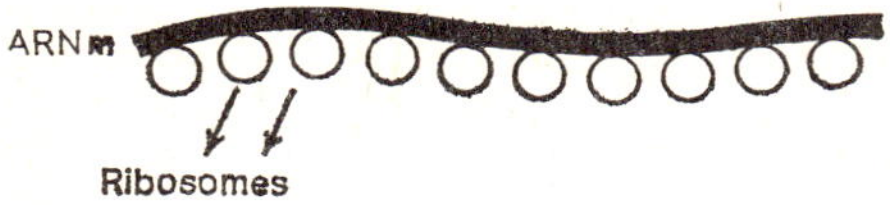

Fig. 4

La formation des chaînes polypeptidiques se déroule de la manière suivante : d'abord l'acide aminé est « activé ». L'activation porte sur le groupe « carboxylique ». Il se forme un *AMP-aminoacyle*.

$$\text{Ac. aminé} + \text{ATP} \underset{}{\overset{\text{(Enzyme)}}{\rightleftarrows}} \text{AMP} \overset{(1)}{\sim} \text{aminoacyle} \overset{(2)}{—} \text{Enzyme} + \text{PP}$$

(1) = liaison riche en énergie. (2) = liaison pauvre en énergie
PP = pyrophosphate

Pour chaque acide aminé il existe une enzyme spécifique d'activation. Dans un deuxième temps, l'acide aminé activé est transféré à un accepteur ; en l'occurrence il s'agit de l'ARN soluble.

$$\text{AMP} \sim \text{AA} — \text{E} + \text{ARN}_s \rightarrow \text{ARN}_s \sim \text{AA} + \text{AMP} + \text{E}$$

L'ARN_s paraît lui aussi spécifique pour chaque acide aminé. Enfin l'acide aminé est transféré aux ribosomes ; ce transfert est de nature enzymatique. En somme, l'ARN soluble joue un rôle d'adaptateur, plaçant les acides aminés auxquels il est lié dans l'ordre qu'ils occupent dans une protéine déterminée. Pour cela l'ARN_s s'adapte lui-même à l'ARN messager préalablement fixé sur les ribosomes.

Ce schéma, simplifié à l'extrême, ne saurait être que provisoire. La biochimie moderne s'intéresse énormément, en effet, à cette question et il est vraisemblable qu'elle évoluera encore.

Les lipides. Les principales enzymes qui digèrent les graisses sont : la *lipase*, la *lécithinase* qui hydrolyse les lécithines, les céphalines et les sphingomyélines ; enfin, la *cholestérolestérase* ; il est vraisemblable que la dégradation des graisses de réserve et le remaniement des graisses de constitution ont un mécanisme comparable à celui de la dégradation digestive (les graisses sont riches en ferments).

Les métabolites : on retrouve le squelette du *cholestérol* dans les vitamines D, les acides biliaires, les hormones sexuelles et cortico-surrénales ; la *gly-*

cérine, intermédiaire important du métabolisme des glucides ; elle peut être aussi complètement oxydée jusqu'au stade de CO_2 et H_2O ; enfin, les *acides gras*. Ceux-ci peuvent être dégradés, semble-t-il, suivant 2 processus :

1° *β-oxydation*. — Les acides gras à nombre pair de carbones (qui constituent presque toutes les graisses alimentaires) sont scindés, selon KNOOP, en molécules plus petites. La réaction porte sur le groupe β. Soit un acide gras :

$$\underset{}{CH_3} - CH_2, \ldots, \underset{\beta}{CH_2} - \underset{\alpha}{CH_2} - COOH$$

Après diverses transformations (avec participation du CoA dès le début) et l'intervention d'une *désaturase*, donnant :

$$CH_3 - CH_2, \ldots, CH = CH - COOH$$

on obtient un acide gras plus court de deux maillons et de l'acide acétique. Finalement, par d'autres transformations, on obtient aussi des *acides cétoniques* (acide acétylacétique...) ou de l'acétone. C'est la cétogenèse.

Ces phénomènes se réalisent normalement, surtout dans le foie, accessoirement dans le rein, la rate...

2° *ω-oxydation*. — Selon VERKADE, les acides gras à *8 — 11 C* seraient oxydés, dans certaines conditions, à l'extrémité de leur chaîne, sur le groupe méthyl.

$$CH_3 - (CH_2)n - COOH \rightarrow HOOC - (CH_2)n - COOH \text{ (diacide)}$$

A l'état normal, les *corps cétoniques* sont complètement dégradés, avec formation de CO_2 et H_2O, par les tissus musculaires notamment ; quant à l'*acide acétique* formé, il peut soit s'intégrer au métabolisme des sucres, soit être converti en substances diverses ou participer aux *réactions d'acétylation* où intervient le CoA.

Synthèse des lipides. — Elle paraît pouvoir se faire à partir des graisses alimentaires elles-mêmes, des glucides, alimentaires ou de réserve, et des protides, éventuellement, par l'intermédiaire des acides aminés glycoformateurs, suivant un schéma qui sera mis en évidence dans le paragraphe suivant. La synthèse pourrait se faire par les étapes de la dégradation, en sens inverse évidemment. Mais l'oxydation des acides gras a lieu dans les mitochondries, alors que les enzymes synthétisantes paraissent situées dans le cytoplasme des cellules.

Les glucides. — Dégradés par diverses enzymes, les sucres, polyholosides ou diholosides, fournissent des métabolites qui sont : le *glucose*, le *fructose* et le *galactose*, c'est-à-dire des monoses. Leur utilisation par les êtres vivants se présente sous 2 aspects : celui de la *fermentation* et celui de la *respiration*. Il nous suffira d'étudier les transformations du glucose pour avoir une idée des principaux schémas de transformation ; en effet, il existe dans de nombreuses cellules des *isomérases* qui sont susceptibles de transformer, après phosphorylation, une molécule d'hexose en une autre.

La glycolyse anaérobie. — Elle se réalise en particulier au cours de la *fermentation* du glucose ; la « fermentation » désigne un ensemble de processus au cours desquels les glucides sont fortement consommés et incomplètement transformés.

Par extension, on a considéré la dégradation des matières azotées comme une fermentation particulière : la *putréfaction*.

Les fermentations qui s'effectuent en l'absence d'oxygène sont des *fermentations anoxydatives*, et celles qui s'effectuent en sa présence sont des *fermentations oxydatives* : dans ce dernier cas, le produit final est plus oxydé que le substrat initial, à l'inverse de ce qui se passe dans les fermentations anoxydatives. La fermentation acétique qui transforme l'alcool en acide acétique est un exemple de fermentation oxydative.

La glycolyse anaérobie s'étudie en faisant fermenter du glucose, à l'abri de l'air, par la levure de bière (champignon unicellulaire). Harden et Young avaient remarqué que le sucre ne peut être transformé s'il n'est au préalable phosphorylé : l'adjonction de phosphate minéral à une fermentation produite par du suc de levure accélère le phénomène. Nous avons vu que le suc de levure contient tout un ensemble d'enzymes désigné sous le nom de « zymase ». Ces enzymes assurent les transformations du glucose (ou d'amidon si l'on part de ce composé), et aboutissent dans le cas présent à former de l'alcool essentiellement, et du CO_2 qui se dégage. Les principales étapes de ces transformations sont les suivantes :

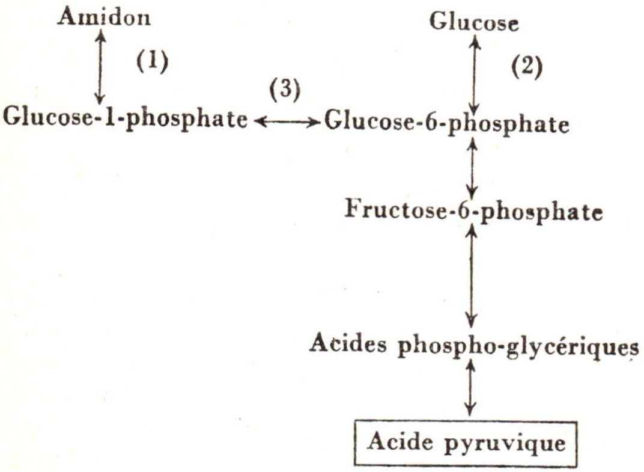

Chacune de ces étapes est sous la dépendance d'une enzyme spécifique : en (1) une phosphorylase, en présence de PO_4H_3, en (2) l'hexokinase, en présence d'ATP, en (3) une mutase (glucose-1-6-phosphomutase)...

Si la zymase agit en milieu à pH = 5 ou 6, l'ac. pyruvique est décarboxylé sous l'influence de la carboxylase, en présence d'ions Mg^{++} et de cocarboxylase.

$$CH_3 - CO - COOH \rightarrow CO_2 + \underbrace{CH_3 - CHO}_{\textit{acétaldéhyde}}$$

Puis, l'acétaldéhyde est réduit en alcool éthylique (a) :

$$CH_3 - CHO + 2\ NADH \rightarrow \underbrace{CH_3 - CH_2OH}_{Alcool} + 2\ NAD$$

Il existe de nombreux types de fermentations que l'on distingue par les produits qu'elles forment (fermentations : lactique, méthanique, acétono-butylique, propionique...). *Toutes* ces fermentations suivent le schéma de la glycolyse anaérobie. Ce n'est qu'à partir de l'acide pyruvique que les voies de dégradation divergent avec chaque type de fermentation.

Les systèmes enzymatiques qui interviennent sont des systèmes de *phosphorylation* et de *phospholyse*, comprenant non seulement des phosphatases et des phosphorylases, mais aussi des transphosphorylases, des phosphomutases et des phospho-isomérases ; des *systèmes hydrolysants*, les *amylases* par exemple : l'amylase β, qui donne à partir de l'amidon surtout du maltose et des dextrines ; on l'extrait des grains au repos ; l'amylase α, qui apparaîtrait dans les graines en voie de germination, hydrolyse l'amidon en donnant de grosses proportions de dextrines et de faibles quantités de maltose. Puis, viennent les maltase, lactase et sucrase ou invertine ; enfin, des enzymes *d'oxydation et de réduction*.

La glycolyse aérobie. — C'est encore ce que l'on pourrait nommer la *dégradation respiratoire* des glucides. Mais, nous rencontrons, pour la première fois dans cet ouvrage, le phénomène de la Respira-

(a) La glycolyse lactique des muscles passe par les mêmes stades à cette différence près qu'elle part du glycogène. Mais l'ac. lactique se forme à l'aide de lactico-déshydrogénase, à partir d'ac. pyruvique :
$CH_3—CO—COOH + 2\ NADH \rightarrow CH_3—CHOH—COOH + 2\ NAD$

tion. Il convient de le définir. Pour le physiologiste, la respiration représente la fonction par laquelle les êtres vivants absorbent de l'oxygène et rejettent du CO_2 et de la vapeur d'eau ; simultanément, il se produit de l'énergie, source de travail et de chaleur. Le biochimiste, lui, pense surtout aux mécanismes des oxydations cellulaires quand il parle de « respiration ».

A ce titre, nous n'avons pas seulement à considérer la dégradation et l'oxydation des glucides, mais aussi celles des métabolites provenant des lipides et des protides. L'étude en a été faite, bien que rapidement. En ce qui concerne les glucides, on connaît moins bien la glycolyse aérobie que l'anaérobie : aussi, les résultats qui vont être exposés représentent-ils l'état actuel d'une question en plein développement.

Il existe deux mécanismes essentiels d'oxydation du glucose actuellement connus ; ce sont :

1° *L'oxydation directe.* — Elle se réalise à l'aide de glucose-déshydrogénase (Harrison, 1931) qui diffère de la « glucose-oxydase » de certaines moisissures.

$$\text{Glucose} + H_2O + \text{NAD} \xrightarrow{\text{(déshydrogénase)}} \text{ac. gluconique} + \text{NADH}$$

L'acide gluconique subira des transformations ultérieures qui donneront naissance au ribose.

2° *L'oxydation précédée d'une phase de fermentation.* — Il se forme alors de l'*acide pyruvique*, au cours d'une première phase analogue à celle de la glycolyse anaérobie. Mais, ensuite, l'ac. pyruvique pourra, soit fixer du CO_2 :

$$CH_3 - CO - COOH + CO_2 \rightarrow HOOC - CH_2 - CO - COOH \text{ (ac. oxaloacétique)}$$

soit donner de l'ACIDE ACÉTIQUE, sous la forme réactive de l'acétyl-CoA

$$\text{Pyruvate} + 2\,\text{NAD} + \text{CoA} \rightarrow \text{Acétyl-CoA} + 2\,\text{NADH} + CO_2$$

A son tour, l'ac. acétique pourra être oxydé de diverses façons, suivant les cellules où il se trouvera formé. Mais la voie la plus courante, celle que l'on rencontre dans tous les tissus animaux, la plupart des tissus végétaux et de nombreux microorganismes est celle qui passe par le cycle tricarboxylique ou cycle de Krebs. L'acide tricarboxylé dont il est question est *l'ac. citrique.*

$$\begin{array}{ccccc} COOH & & COOH & & COOH \\ | & & | & & | \\ CH_2 & - & COH & - & CH_2 \end{array}$$

Le schéma ci-dessous en montre les étapes principales et met en évidence les relations qui existent entre les métabolismes intermédiaires des protides, des lipides et des glucides. Rappelons que les enzymes qui permettent ces transformations sont celles de la « cyclophorase » et qu'elles sont localisées dans les mitochondries.

De *l'énergie* est dégagée au cours de l'oxydation de l'acide pyruvique dans ce cycle : c'est l'énergie respiratoire. Elle provient essentiellement de la

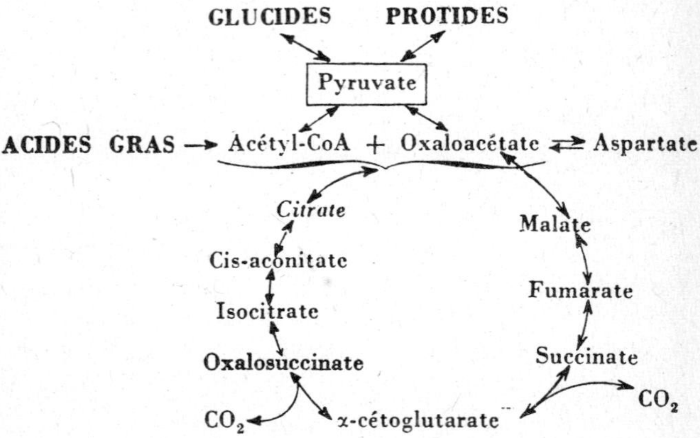

transformation des *composés phosphorylés* qui représentent la forme de stockage de l'énergie dans la cellule, et singulièrement des transformations de l'ATP. Des molécules de $\boxed{CO_2}$ sont aussi libérées au cours des réactions du cycle. Elles proviennent de décarboxylations et fournissent une partie du CO_2 rejeté dans la respiration.

La synthèse des glucides. Il nous suffira de la situer : elle s'effectue au cours de la *photosynthèse* dans les feuilles vertes ; il se forme alors essentiellement du saccharose et de l'amidon. Dans les tissus animaux, la glycogenèse se traduit par la formation et le dépôt du glycogène (foie, muscles...) à partir de glucose, ou plus facilement, semble-t-il, à partir de fructose. Le mécanisme biochimique de la synthèse (mal connu encore) semble passer par l'acide pyruvique et, nous l'avons vu, par l'UDPG.

2. Le mécanisme des oxydations cellulaires, rôle de l'oxygène. — L'analyse des oxydations cellulaires nous a déjà permis de mettre en évidence le rôle important qu'y jouent les enzymes. On range sous le nom de *respiratoires* toutes les enzymes qui participent à l'oxydation des métabolites.

Notons d'abord que l'on entend par *oxydation* les processus suivants : *oxygénation* ou fixation d'oxygène sur un substrat ; *déshydrogénation* ou enlèvement d'hydrogène à un composé ; d'une manière générale, toute augmentation de valence d'un ion qui se réalise par la libération d'un électron ; toutes les opérations inverses sont des *réductions*.

On distingue, d'après leur mode d'action, parmi les enzymes respiratoires : les *oxydases* et les *déshydrogénases :* celles-ci permettent le transfert de l'hydrogène jusqu'à un « accepteur » tandis que les oxydases transfèrent l'hydrogène directement à l'oxygène.

Les principales oxydases ont été citées dans la classification : la cytochrome-oxydase ; les hydro-peroxydases qui utilisent H_2O_2 comme accepteur d'électron :

$$\underbrace{AH_2}_{\text{Substance hydrogénée}} + H_2O_2 \rightleftarrows A + 2H_2O$$

La substance hydrogénée peut être par exemple le phénol, l'acide ascorbique... La catalase agit sur l'eau oxygénée seule ; une molécule sert alors de donneur d'électrons, l'autre d'accepteur.

$$H_2O_2 + H_2O_2 \rightarrow O_2 + 2\ H_2O$$

La peroxydase et la catalase qui fournissent ainsi de l'oxygène aux tissus sont largement distribuées dans les cellules vivantes. Citons encore la polyphénoloxydase et la tyrosinase ; la laccase et l'acide ascorbique-oxydase qui contiennent du cuivre (dont la forme oxydée est Cu^{++}).

Les déshydrogénases, de même, ont été passées en revue avec leurs différents accepteurs spécifiques d'hydrogène (coenzymes).

Il reste, pour compléter notre connaissance de la respiration, à savoir ce que deviennent l'hydrogène arraché aux substrats et l'oxygène indispensable. Précisons de suite que l'hydrogène se combinera à l'oxygène. Warburg avait montré, naguère, que l'oxygène moléculaire devait d'abord être *activé* pour être utilisé. Cette activation est due à la cytochrome-oxydase dont le fer peut s'oxyder en perdant un électron.

$$Fe^{++} \underset{(+e)}{\overset{(-e)}{\rightleftarrows}} Fe^{+++}\ ; \qquad 2Fe^{++} + 1/2\ O_2 \rightarrow 2Fe^{+++} + \underbrace{O^{--}}_{\text{oxygène activé}}$$

Mais Wieland montra l'importance des déshydrogénases et affirma que l'*hydrogène* devait être activé. L'eau intervient fréquemment dans ces processus. L'oxygène peut être remplacé par d'autres corps capables « d'accepter » l'hydrogène : le bleu de méthylène par exemple, dont il existe une forme réduite incolore, le « leuco-bleu ». De sorte qu'en présence d'un accepteur d'hydrogène, en l'absence d'oxygène et à l'aide de certains catalyseurs, la respiration est possible. Wieland pensait, par conséquent, que *l'essentiel des oxydations biologiques consistait en une déshydrogénation des substrats.*

En fait, bien que la déshydrogénation des substrats soit l'essentiel, l'oxygène activé sert d'accepteur d'hydrogène ; mais, entre les deux, il existe de nombreux intermédiaires ; le passage de l'hydrogène sur ces intermédiaires nécessite l'intervention de nombreuses enzymes (Hopkins, Keilin et Wurmser).

On distingue, parmi les *transporteurs* qui reçoivent l'hydrogène enlevé aux substrats : les *transporteurs électro-actifs* et les *transporteurs non électro-actifs.*

Les corps « électro-actifs » sont capables d'échanger des électrons. Si l'on plonge une électrode inerte (platine, or) dans le milieu, elle se charge d'électricité en présence de produits électro-actifs. Aussi les transporteurs électro-actifs peuvent-ils échanger des électrons ou de l'hydrogène avec d'autres transporteurs de même nature, sans l'intervention des enzymes. Celles-ci sont, par contre, indispensables si les transporteurs ne sont pas électro-actifs.

Parmi les *transporteurs non électro-actifs*, on trouve surtout le NAD et le NADP, les acides dicarboxylés à 4 atomes de carbone et peut-être les corticostéroïdes. Parmi les *transporteurs électro-actifs* : les quinones du règne végétal, peut-être le glutathion, les ferments-transporteurs et les cytochromes.

Les cytochromes sont des protéines spécialisées dans le transfert des électrons. Elles sont présentes dans la plupart des cellules vivantes, à l'exception des bactéries anaérobies strictes. Ce sont des métalloprotéines qui contiennent du fer. Elles présentent des bandes d'absorption caractéristiques dans le spectre visible. Les cytochromes réduits absorbent alors vers 600 mμ. On a dénommé cyt. *a* celui qui absorbe à 605 mμ, *b* celui qui absorbe à 562 mμ et *c* celui qui absorbe à 550 mμ. Le cyt. *b* est auto-oxydable. Le cyt. *c* a été obtenu cristallisé ; il est seul soluble. Ces transporteurs ont été découverts en 1925 par Keilin. Ils ne sont inhibés que par l'acide cyanhydrique. Ils ne se combinent directement ni à l'oxygène, ni à CO ou CO_2, mais ils peuvent exister à l'état réduit ou oxydé, sous l'influence de la cytochrome-oxydase, en présence d'oxygène et grâce au *fer* que contient leur molécule.

$$\boxed{\text{Cyt. }(Fe^{++}) \rightleftarrows \text{Cyt. }(Fe^{+++}) + e}$$

L'hydrogène enlevé au substrat va donc parcourir toute une série de paliers. Mais dans quel ordre se succèdent les transporteurs ? Quels sont ceux qui existent dans chaque cellule et quels sont ceux qu'on n'y trouve pas ? Ce sont des questions auxquelles on ne saurait encore répondre clairement. Des théories sont assez souvent émises à ce sujet, mais rien n'est encore définitif. On sait seulement qu'un transporteur ne peut recevoir de l'hydrogène que d'un système dont le r_{H2} est inférieur au sien, et par conséquent on peut disposer arbitrairement une suite de transporteurs, à condition de respecter les lois de l'oxydo-réduction. En réalité, nous en sommes encore à rechercher *in vitro*, des systèmes indépendamment les uns des autres. Voici l'exemple d'un système de transport non électro-actif.

$$\underset{\textit{Ac. malique}}{HOOC - CH_2 - CHOH - COOH} \overset{(-H_2)}{\rightleftarrows}$$

$$\overset{(-H_2)}{\rightleftarrows} \underset{\textit{Ac. oxaloacétique}}{HOOC - CH_2 - CO - COOH}$$

C'est la *malico-déshydrogénase* qui conditionne l'équilibre.

Au moment où il arrive au contact des cytochromes, l'hydrogène est ionisé :

$$H \rightleftharpoons H^+ + e$$

Il a donc libéré 1 électron, ce qui nous permet d'envisager les transports d'hydrogène ou d'électrons comme des phénomènes équivalents. L'électron *e* est capté par les cytochromes, qui sont successivement réduits et réoxydés aux dépens les uns des autres ; le dernier l'est par la cytochrome-oxydase, qui revient enfin à son état initial en cédant son électron supplémentaire à l'oxygène de l'air. Il se forme de l'eau

$$2H^+ + O^{--} \rightarrow H_2O$$

Si l'oxygène n'est pas activé, il se forme de l'eau oxygénée :

$$2H^+ + O_2 \rightarrow H_2O_2$$

qui sera décomposée ensuite par une peroxydase ou une catalase. Il y a trois voies principales de transfert des électrons par les cytochromes.
(Certains points de ces schémas restent encore à préciser ; cf. le tableau p. 108).

L'ÉNERGIE RESPIRATOIRE, LA PHOSPHORYLATION OXYDATIVE. — Selon Krebs, on peut donner de la phosphorylation oxydative, la définition suivante : *c'est la transformation de l'orthophosphate minéral en phosphate organique au cours de la respiration cellulaire.* De manière plus précise, écrivons que l'énergie produite pendant les transformations des substrats par la respiration est utilisée à l'estérification du

1) *Substrat* → NADP → Cyt. *c* réductase → Cyt. *c* → Cyt. oxydase ← O_2
   (Déshydrogénase)

2) *Substrat* → NAD → Flavoprotéine (1) ↗ (Cyt. *c*)
   (Déshydrogénase)

(Inhibé par CO)

3) *Acide succinique* → Succinique-déshydrogénase (enzyme flavinique) → Cyt. *b* → Cyt. *c* → Cyt. *a* → Cyt. oxydase ← O_2

(1) C'est au cours de telles transformations qu'est libérée l'énergie utilisable pour la phosphorylation oxydative. Par exemple, on a, sous l'influence des diaphorases :

$$2\,NADH + FAD \rightarrow FADH_2 + 2\,NAD + \mathit{10\,000\ cal.}$$

et ensuite, par exemple :

$$FADH_2 + 2\,Cyt\text{-}Fe^{+++} \rightarrow FAD + 2\,Cyt\text{-}Fe^{++} + 2\,H^+ + \mathit{16\,000\ cal.}$$

système adénylique par le phosphate inorganique pour former de l'ATP. Ainsi, en présence d'oxygène :

$$\begin{array}{c} ADP + - PO_4 \rightarrow (ADP \sim P) \\ \uparrow \text{ (présence d'oxygène)} \\ PO_4 \text{ inorganique} \end{array}$$

Suivons par exemple l'oxydation du glucose. Phosphorylé par l'ATP, il donne du glucose-6-phosphate, puis, après hydrolyse suivie de déshydrogénation en présence de NADP, de l'acide-6-phosphogluconique. On aboutit, après diverses transformations, au ribose-5-phosphate, qui sera dégradé jusqu'aux stades de CO_2 et H_2O, ou participera à la synthèse de corps plus complexes :

Ac-6-phosphogluconique → Ribulose-5-phosphate → Ribose-5-phosphate

Les enzymes nécessaires à ce mode d'oxydation se trouvent chez les Bactéries, les plantes (levures notamment) et les tissus animaux.

L'intérêt fondamental de la phosphorylation oxydative, c'est de nous faire « toucher du doigt » en somme, le mécanisme des transformations énergétiques dans la matière vivante. En effet, au cours de transformations comme celles que nous avons examinées, le NAD et le NADP, des flavoprotéines, des cytochromes interviennent. Leur intervention est liée à la présence de l'oxygène. Accompagnant ces réactions, du phosphate minéral libre *gagne* littéralement l'énergie qui en provient et l'emmagasine dans l'ATP, sous forme de phosphate riche en énergie, disponible pour de nouvelles réactions.

En pratique, on utilise le système suivant pour faire des mesures sur cette réaction. On met en présence :

Une préparation fraîche de mitochondries, un substrat (habituellement un intermédiaire du cycle tricarboxylique), des ions Mg^{++}, de l'ADP en quantité catalytique, du fluorure, de l'hexokinase, du glucose, du PO_4^{---} et de *l'oxygène.* On mesure dans un microrespiromètre de Warburg la consommation en O_2 pendant un temps déterminé et on dose le phosphate inorganique présent, ce qui nous renseigne sur la quantité qui a été estérifiée. Le rapport $\boxed{\frac{P}{O}}$, c'est-à-dire :

$$\frac{\text{Nombre de molécules de } PO_4 \text{ estérifiées}}{\text{Atomes d'oxygène consommé}}$$

nous renseigne sur le nombre de radicaux PO_4 riches en énergie qui ont été formés par atome d'oxygène utilisé dans la réaction.

Sans doute, la formation de l'ATP peut-elle se faire indépendamment de la respiration. Mais on a calculé que le rendement énergétique dans la glycolyse anaérobie qui mène de la molécule de glucose à l'acide lactique est de *41* %. Il est de *66* % quand le glucose est dégradé jusqu'au CO_2 et H_2O. Alors que la formation de l'acide lactique donne $4 \sim PO_4$, la dégradation totale donne $20 \sim PO_4$ par triose.

Il resterait à expliquer COMMENT la formation de

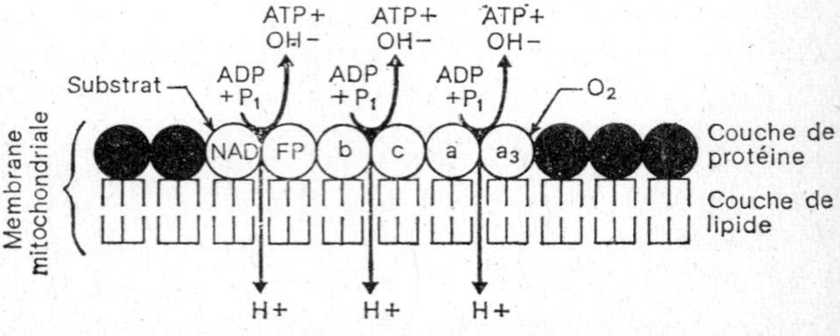

Fig. 5. — Emplacement des sites de phosphorylation oxydative dans une chaîne de transfert d'électrons

Pi = phosphate inorganique ; FP = flavoprotéine ; b, c, a, a_3 = divers cytochromes (d'après LEHNINGER).

l'ATP est possible pendant que des transferts d'électrons se font avec la participation de l'oxygène ? On a démontré que dans l'oxydation de 2 NAD par une préparation mitochondriale, il se forme $3 \sim PO_4$ avant le transfert de 2 électrons du NADH à l'oxygène.

Mais on ne saurait expliquer clairement le mécanisme de la phosphorylation oxydative à l'heure actuelle.

La figure 5 schématise les conceptions les plus admises concernant les sites et les modalités de la phosphorylation oxydative. Celle-ci est liée à une structure membranaire, celle de la mitochondrie. Le schéma montre également que les ions H^+ et OH^- formés en des points différents de la chaîne respiratoire sont géométriquement séparés (ce qui peut avoir des conséquences sur le transfert des ions à travers la membrane mitochondriale).

CHAPITRE III

RECHERCHES MODERNES

Les premières recherches avaient un aspect à la fois biochimique et biologique, et tout naturellement, on s'était efforcé de découvrir de nouvelles enzymes : avec succès d'ailleurs. Ce travail de prospection n'est pas achevé : on découvre souvent encore des enzymes ; et l'on se préoccupe toujours de mettre en évidence de nouvelles propriétés enzymatiques. Il n'est pas exceptionnel qu'on trouve grâce à ces études, deux enzymes là où l'on croyait n'en avoir qu'une, ces résultats, à leur tour, étant de nature à ouvrir parfois des horizons nouveaux.

C'est ainsi qu'on a attribué jusqu'en 1956 à la seule diphosphopyridine-nucléotidase (NAD-ase) la propriété de couper la liaison nicotinamide-ribose du NAD et du NADP. On s'est aperçu qu'il existe 2 enzymes spécifiques : une NAD-ase et une NADP-ase que l'on peut séparer par action de la chaleur. On a de même identifié et isolé 2 anhydrase-carboniques dans les globules rouges du sang de bœuf ; chacune de ces enzymes a un K_m qui la caractérise (1963).

Certaines enzymes, lors de leur découverte, provoquent un mouvement d'intérêt particulier, qui tient aux conditions biologiques de leur action ou aux possibilités d'application qu'elles révèlent. Par exemple, Abraham et Chain remarquèrent en 1940 que certaines bactéries (typhiques, pyocyaniques, quelques Microcoques de l'air) contiennent une enzyme, la *pénicillinase*, qui détruit la pénicilline. On a, depuis, préparé et même cristallisé (Pollock et Torriani, 1956) l'enzyme. On l'utilise pour vérifier la stérilité des préparations de pénicilline destinées aux traitements cliniques. Il est vraisemblable que la résistance à la pénicilline de certaines bactéries, indépendamment des phénomènes possibles d'adaptation, soit due à une sécrétion de pénicillinase (cas du *Staphylococcus aureus*).

Le *lysozyme*, qui détruit rapidement certaines bactéries, le *Micrococcus lysodeikticus* notamment, en dépolymérisant des polysaccharides, a été très étudié. On le trouve dans les larmes et le blanc d'œuf. Son mode d'action le rapproche de l'amylase et des pectinases.

La *hyaluronidase*, ou « facteur de diffusion », eut aussi un grand succès de curiosité. Chain en montra la présence (et la nature enzymatique) dans l'extrait testiculaire. L'enzyme liquéfie l'acide hyaluronique que l'on trouve dans le corps vitré de l'œil, le liquide synovial des articulations..., et facilite ainsi la diffusion de nombreuses substances. Des microbes hautement envahissants, tels que les vibrions septique et cholérique... en sont pourvus. De même, les glandes salivaires des serpents venimeux, les venins de guêpe, d'abeille, de scorpion..., dont la toxicité paraît en relation avec leur teneur en hyaluronidase.

On s'efforce actuellement de résoudre les problèmes de spécificité d'action des enzymes, de mieux connaître les modalités de la liaison enzyme-substrat... On recherche de plus en plus des enzymes de synthèse (on n'en connaît encore qu'un petit nombre) et l'on reconnaît progressivement les mécanismes des synthèses. Ceux-ci concernent le domaine des lipides, des glucides ou des protides. Dans ce dernier cas, on a récemment obtenu des résultats intéressants : par exemple, l'étude de la synthèse des protéines enzymatiques qu'ont effectuée Monod et ses collaborateurs, étude à laquelle nous avons précédemment fait allusion ; étude qui a montré, qu'en certains cas au moins, les protéines synthétisées l'étaient de manière *irréversible*, la protéine formée n'étant pas sujette au « renouvellement » continuel de ses constituants, contrairement à ce que l'on croyait être un processus général de la matière vivante.

Dans le domaine de l'enzymologie et de la génétique bactériennes s'ouvrent des voies nouvelles ; elles concernent les problèmes de *régulation* de la formation et de l'activité des enzymes. Il semble qu'on puisse les envisager sous l'angle : 1° du déclenchement ou de la répression de la synthèse de la molécule enzymatique ; 2° de la régulation directe de leur activité.

1° *Contrôle de la synthèse de l'enzyme.* — On sait que l'information génétique est inscrite dans un segment d'ADN et que la transcription s'en fait par l'intermédiaire de l'ARN messager. Le segment d'ADN peut comporter plusieurs gènes qui s'expriment tous en même temps d'une façon coordonnée sous l'influence d'une partie de ce même segment d'ADN que l'on appelle « l'opérateur ». L'ensemble des gènes sous contrôle de l'opérateur et l'opérateur lui-même constituent ce que l'on appelle un *opéron*. Lorsque l'opérateur est bloqué l'opéron ne s'exprime pas. Le blocage se fait par un *répresseur* qui est vraisemblablement de nature protéique et dont la synthèse est sous le contrôle d'un gène régulateur qui peut être très éloigné de l'opéron contrôlé. Une substance donnée peut, soit n'avoir aucune influence sur le répresseur qui continue alors à bloquer l'opéron, soit l'empêcher d'agir, ce qui entraîne la synthèse des protéines dont les gènes appartiennent à l'opéron considéré : il y a induction.

2° *Régulation directe de l'activité de certaines enzymes ; l'allostérie.* — L'étude des chaînes enzymatiques qui contribuent à former un produit déterminé a montré que dans les cas bien étudiés où le produit final est inhibiteur de sa propre synthèse, il inhibe en général la première enzyme de la chaîne qui aboutit à sa synthèse. Par exemple on obtient de la L-isoleucine à partir de L-thréonine par une suite de réactions enzymatiques. La première enzyme de la chaîne est la L-thréonine désaminase ; elle est inhibée par la L-isoleucine et c'est la seule enzyme de cette chaîne qui soit inhibée par la L-isoleucine. Certains auteurs proposent l'explication suivante : le site actif de la protéine enzymatique agissant sur la thréonine serait distinct du site auquel se lie l'inhibiteur (en l'occurrence la L-isoleucine). La liaison de l'inhibiteur avec l'enzyme détermine une modification de la conformation de la protéine, y compris du site actif qui devient inactif. Ce phénomène est réversible et n'a rien de commun avec l'inhibition compétitive. La protéine est dite *allostérique* ; on peut qualifier de « transition allostérique » l'état inactif de l'enzyme liée à l'inhibiteur.

Le phénomène d'allostérie a été bien étudié dans quelques cas. On envisage d'étendre l'explication à la régulation cellulaire dans son ensemble, ce qui permettrait de comprendre comment l'activité d'une enzyme, dans les relations entre les différentes voies de synthèse peut dépendre d'une autre substance que son substrat. Une telle substance est un « signal ». L'action d'un inducteur pourrait, dans la même optique, s'expliquer comme un phénomène d'allostérie au niveau du répresseur : l'inducteur en se liant au répresseur modifierait sa conformation et, l'opérateur étant libéré, l'opéron pourrait s'exprimer.

Ces hypothèses sont très séduisantes, mais le caractère de généralité que les auteurs souhaitent obtenir n'est aucunement établi : on ne saurait être trop prudent dans l'utilisation de ces théories.

Les isozymes. — Meister en 1950, et Neilands en 1952, opérant sur une solution de lactico-déshydrogénase cristallisée après l'avoir débarrassée de ses sels montrent qu'elle comporte deux composants qui ont chacun une activité enzymatique semblable mais des mobilités électrophorétiques différentes. Des deux fractions ainsi séparées, l'une migre vers l'anode, l'autre vers la cathode. A part cela, elles sont remarquablement semblables, au point qu'on ne trouve pas de différences frappantes dans leur composition globale en acides aminés ni dans leur structure antigénique : seule diffère leur charge électrique. Ce sont des *isozymes.*

On connaît une trentaine d'enzymes qui possèdent des isozymes. Bien que cette propriété se rencontre surtout dans les transférases, on la retrouve aussi dans les enzymes de condensation et les isomérases. Voici quelques exemples : dans le groupe des *hydrolases* : les estérases, la ribonucléase, la pepsine, la trypsine, le lysozyme, la β-glucuronidase... Dans les *transférases* : l'hexokinase, les phosphatases alcaline et acide... De nombreuses *déshydrogénases* : de l'acide lactique, de l'acide malique... Parmi les enzymes de *condensation* : la fumarase, l'énolase...

On conçoit que l'isolement des isozymes soit étroitement lié aux progrès réalisés dans le domaine de la chromatographie, de l'électrophorèse et dans l'établissement des structures primaires des polypeptides.

Comme cela a été établi pour diverses hormones et pour l'hémoglobine les caractéristiques des isozymes varient avec l'espèce, avec le stade de l'ontogenèse et avec le tissu considérés.

1° *Avec l'espèce.* — Une même isozyme d'une enzyme donnée a, quel que soit le tissu considéré, une mobilité électrophorétique propre pour chaque espèce. Parmi d'autres exemples, citons celui des différents types d'estérases du plasma des Vertébrés.

2° *Suivant les stades de l'ontogenèse.* — On étudie alors les isozymes d'une même espèce, dans un même tissu, toutes choses égales par ailleurs. Certaines isozymes peuvent apparaître et augmenter en activité ; d'autres peuvent disparaître. C'est ce que l'on a montré, par exemple, pour les peroxydases dans les jeunes pousses de maïs ; pour les estérases du cerveau humain chez l'adulte et l'embryon.

3° *Avec le tissu.* — Cela a été prouvé pour deux enzymes du cycle des pentoses : la glucose-6-phosphate et l'acide-6-phosphogluconique déshydrogénases ; pour les estérases aussi.

Ces propriétés ont été retrouvées chez les animaux, les végétaux et les êtres unicellulaires ; ce qui ne constitue pas une explication du mécanisme d'action des isozymes. D'ores et déjà, il existe une abondante littérature sur cette question. Les recherches se développent sur les plans physico-chimique, cinétique, immunologique et génétique, mais les résultats obtenus portent sur des enzymes différentes, chaque auteur étudiant la sienne et il paraît difficile sinon impossible d'en tirer, à l'heure actuelle, une théorie générale.

Le domaine des isozymes reste une source féconde de recherches pour les années à venir.

Chapitre IV

L'UTILISATION PRATIQUE DES ENZYMES

Il n'a pas fallu attendre la découverte des enzymes pour en créer l'emploi, car bien des activités ont été possibles, de toute antiquité, grâce aux propriétés enzymatiques d'un certain nombre de préparations. La fabrication des boissons fermentées n'est-elle pas la preuve de cette affirmation ? Mais les techniques autrefois pratiquées étaient empiriques et les résultats obtenus imparfaits. C'est l'utilisation rationnelle, scientifique, des enzymes qui a permis le développement et le perfectionnement de nombreuses industries ; quelques exemples le montreront.

I. — Les enzymes et la fabrication du pain

Fabriquer du pain, en termes scientifiques, c'est provoquer une fermentation alcoolique au sein d'une masse plastique qui s'oppose à tout dégagement gazeux. La fermentation n'a rien de particulier. Elle résulte du dédoublement des sucres de la farine panifiable en alcool et en gaz carbonique. Quant à la masse plastique, elle prend naissance dans la farine utilisée, par l'hydratation du gluten (pâte jaunâtre, élastique, que l'on obtient en malaxant de la farine sous un filet d'eau qui entraîne l'amidon en coulant). La teneur en sucres des farines varie suivant que l'on considère des farines entières, non blutées, ou des farines blanches.

Pour préparer son pain, le boulanger fabrique d'abord la pâte qui va fermenter ; il mêle de l'eau salée à la farine, il ajoute de la levure dans la proportion de 1 % environ, et pétrit le tout en maintenant la température entre 27 et 30°. Le pétrissage est fort important, car la qualité du pain en dépend, à condition que la farine soit bonne.

C'est la levure qui déclenche la fermentation du pain, et cela s'explique par l'abondante sécrétion d'enzymes que fournissent ces microorganismes : les protéases, la maltase, l'invertine qui n'intervient qu'au début de la fermentation ; enfin, et surtout, le complexe enzymatique connu sous le nom de *zymase*, qui dédouble les sucres simples en alcool et CO_2 (1).

La fermentation proprement dite commence dès que la levure est mêlée à la pâte ; le peu de saccharose et de sucres réducteurs qui existent dans les farines sont immédiatement attaqués et amorcent la réaction, mais ces produits seraient vite épuisés et la fermentation s'arrêterait s'il n'intervenait un autre phénomène, l'amylolyse, ou dégradation de l'amidon cru en maltose sous l'influence de l'amylase de la farine. Ceci procure un nouveau substrat à la levure. C'est la β amylase qui entre en jeu ; elle forme beaucoup de maltose, qui, soit directement, soit après transformation en glucose, va fournir les gaz de la fermentation, qui assureront la montée de la pâte.

Il importe donc que les blés aient un grand « pouvoir enzymatique », sinon il faut leur ajouter du blé qui en est riche. Si l'on part de farines blanches qui sont extraites à des taux très bas et qui ont peu d'enzymes, il est nécessaire d'utiliser des produits améliorants. En minoterie, on peut ajouter 1 % de farine de fève, mais le boulanger a le droit d'employer des extraits enzymatiques : Maltol, Rapidase... qu'il trouve dans le commerce et qui compensent certains inconvénients par leur richesse en maltase et en amylase.

Au début, l'amylolyse l'emporte sur la fermentation : il se forme du maltose, qui est hydrolysé ; le saccharose est inverti et disparaît en une demi-heure. Les sucres réducteurs ont complètement disparu à la fin de la deuxième heure, et à partir de ce moment, la fermentation prédomine. Il reste dans la farine : du maltose, qui fermente directement, et de la lévosine, qui fermente peu après avoir été hydrolysée. Finalement l'alcool s'accumule.

(1) De tout temps, on a utilisé non pas la levure, mais le levain, pour faire fermenter le pain : c'est une portion de pâte d'une préparation antérieure, dont on se sert pour ensemencer une nouvelle masse de pâte.

L'évolution des pâtes continue au four, dont la chaleur est portée progressivement à 240°. Il en résulte que les parties centrales sont protégées par la croûte qui se forme. La levure meurt bientôt, la fermentation s'arrête bien que l'amylase soit active jusque vers 80°, avec un optimum à 60°, accumulant ainsi du maltose. La masse principale de l'amidon, qui n'a pas encore été attaquée, est alors gélifiée, le gluten est coagulé et le pain est prêt. En somme, l'action des enzymes se ramène essentiellement à l'intervention de l'amylase et de la zymase.

II. — Les enzymes dans les industries de fermentation

Quand on aborde la question des fermentations, on pense en premier lieu à la fermentation alcoolique, une des plus importantes au point de vue industriel puisqu'elle est à la base de la fabrication de toutes les boissons fermentées ; sans compter les multiples transformations que nous avons déjà rencontrées, auxquelles elle participe. Il ne sera donc question ici que de l'aspect technique de sa préparation.

1. **La fermentation alcoolique.** — La matière première la plus utilisée est évidemment la plus simple : le glucose ; l'agent fermentaire en est la levure, plus exactement la zymase sécrétée par la levure. Mais comme cette zymase agit au sein même de la cellule qui lui a donné naissance, il importe de se placer dans des conditions telles qu'elle puisse se former. Or, en milieu aérobie, la levure emprunte l'énergie dont elle a besoin au glucose, même à l'alcool présent, et se multiplie ainsi convenablement. Il faut limiter la reproduction tout en gardant la cellule vivante : c'est ce que l'on réalise en milieu presque complètement privé d'oxygène, et dans ces conditions

l'alcool s'accumule au maximum : il est bon d'avoir un nombre optimum de levures dans la solution.

Un autre monosaccharide, le fructose, est directement fermentescible. Parmi les disaccharides, le saccharose et le maltose seront encore utilisables par la levure, qui sécrète une saccharase et une maltase. De même, l'intervention préalable d'une tréhalase, d'une lactase, rendent le tréhalose et le lactose fermentescibles. En fait, on a pu tirer de l'alcool de glucides plus complexes, par exemple de l'inuline du topinambour (la levure est capable de sécréter une inulase) dans certaines conditions. Avec les matières amylacées, le problème se complique, car l'amidon, contrairement aux sucres précédemment étudiés, n'est pas soluble dans l'eau et l'utilisation de l'amylase du malt avant la fermentation se heurte à des difficultés dont la principale est que les amylases ont leur optimum à 60°, alors qu'il faut, à partir d'un certain moment, abaisser la température à 35 ou 40° pour permettre à la zymase d'agir.

En *brasserie*, on traite les graines d'orge. On les met à germer, puis on infuse dans de l'eau chaude, à température inférieure à 70°. L'amidon des grains est alors dégradé par l'amylase (β amylase) : c'est ce que l'on nomme le brassage. On porte ensuite le moût à ébullition, on ajoute du houblon qui donnera son arôme à la bière, et on ensemence par de la levure qui fera fermenter la solution.

La fermentation alcoolique n'est pas la seule possible et la préparation d'autres substances par voie de fermentation se réalise aussi industriellement ; on utilise des ferments variés, acétono-butyriques, lactiques... Une de ces industries fabrique par exemple de la *glycérine* en faisant dévier la fermentation par l'adjonction de sulfite de soude ou de carbonate alcalin à la solution fermentaire.

2. **Le traitement des vins et des jus de fruits.** — Il arrive parfois que les vins subissent des transformations qui les rendent inutilisables, sans raison apparente, si ce n'est le vieillissement : le vin rouge jaunit ; une pellicule se forme à la surface du liquide, puis le tannin et la matière colorante précipitent sous la forme d'un composé brunâtre ; le vin blanc se trouble et jaunit également. C'est ce que l'on nomme : la « casse du vin ». Ces phénomènes se produisent dans les vins exposés à l'air ; le facteur responsable en est une enzyme (il suffit en effet de chauffer un vin cassable à 80° pour le stabiliser) que G. Bertrand identifia : une *oxydase* dont l'action est analogue à celle de la laccase ; elle oxyde les polyphénols du vin : tannins et produits colorants. Sa présence dans le vin est due à l'existence d'un champignon inférieur, le *Botrytis cinerea*, ou « pourriture de la vigne » qui parasite les raisins et secrète dans la pulpe l'oxydase qui se conservera pendant la fermentation. Il y a donc lieu de surveiller la vendange, car il suffit du 1/3 d'une récolte atteinte de pourriture grise pour rendre tout le vin cassable. Dans les vins blancs auxquels on ajoute du gaz sulfureux régulièrement, le risque est moins grand, car le gaz sulfureux gêne l'action de l'enzyme en protégeant les composés phénoliques ; d'autre part, on s'est aperçu que l'enzyme en fonctionnant subissait elle-même rapidement l'action de l'oxygène qu'elle utilise, de sorte qu'il suffira, pour garantir les vins, d'y incorporer, avant la fermentation, de l'acide sulfureux et d'aérer convenablement ensuite.

Dans l'industrie des jus de fruits intervient une enzyme d'un autre genre : une *pectinase*, active sur les pectines, ces matières mucilagineuses d'origine végétale qui donnent aux moûts fraîchement préparés leur viscosité et leur trouble.

Il semble acquis que les parties troubles des jus de fruits sont formées d'impuretés que protègent des colloïdes (pectines et albumines). Il suffit donc d'éliminer les colloïdes en ajoutant des solutions enzymatiques au milieu ; on obtient ainsi des liquides moins visqueux et de couleur plus claire, plus faciles à filtrer (d'où le nom commercial « d'enzymes de filtration » qu'on donne à ces enzymes qui proviennent surtout de cultures de moisissures). Le summum de la présentation consiste ensuite à ajouter du tannin et de la gélatine (collage) à la préparation : elle acquiert ainsi une belle couleur.

III. — Les enzymes dans les autres industries

Dans l'industrie textile, on a surtout utilisé l'amylase, cette fois encore.

On a d'abord employé dans les opérations de TISSAGE, des extraits de malt standardisés (mélanges d'α et de β amylases ; puis des préparations de pancréas de porc (qui contient une α amylase), ou les enzymes d'*Aspergillus orizae*, qu'on prépare en partant du son de blé ou de riz que l'on ensemence d'*Aspergillus*. Elles renferment, à côté d'une α amylase qui agit en milieu faiblement acide, de la sucrase, de la lactase, de la maltase, une phosphatase... Enfin, depuis 1920, on trouve en France des enzymes d'origine bactérienne, les plus résistantes, qui supportent la chaleur jusque vers 98-100°. Elles contiennent une α amylase et sont capables de fournir une forte proportion de glucose à partir de l'amidon. Ces enzymes sont les plus avantageuses car leur pouvoir liquéfiant est beaucoup plus fort que leur pouvoir saccharifiant, contrairement aux autres extraits. Précisément, pour donner aux fils de chaîne, sur le métier à tisser, la résistance qui permettra à la navette de glisser entre eux sans les rompre on les enduit d'empois d'amidon auquel on ajoute de l'enzyme ; l'amidon liquéfié pénètre jusqu'à l'âme du fil sans rien changer à son élasticité et augmente sa résistance. Cette opération constitue l'*encollage*. Plus tard, il faut *désencoller* les tissus pour les blanchir ou pour les teindre ; là encore, et dans la préparation des *apprêts*, on se sert des enzymes bactériennes. On peut, grâce à elles, en faisant varier les proportions d'amidon et de fécule, la température, le temps d'action, réaliser des apprêts légers (mousselines, voiles...) ou forts, pour certains articles : toile de jute des visières de képi ou de casquette... C'est encore à l'emploi judicieux des enzymes que l'on doit l'apprêt et les teintures de certaines cotonnades, les travaux délicats de la corderie ; dans le traitement de la laine, on encolle les fils, pour leur donner un endroit brillant, par de la gélatine, qu'on hydrolyse progressivement par les enzymes bactériennes protéolytiques.

Dans l'industrie de la soie, on traite la soie naturelle (soie grège), formée essentiellement de fibroïne entourée d'une gangue de séricine de nature protéique (le « grès » de la soie), par les enzymes protéolytiques du malt ou les protéases bactériennes qui dissolvent la gangue ; les dernières traces de grès sont éliminées par un bain de savon à 75°.

Dans les autres industries.

Si l'on voulait dresser une liste complète des enzymes dont on se sert dans les industries autres que celles qui viennent d'être examinées, on toucherait encore à bien des métiers : l'industrie de la laque, si prospère en Extrême-Orient ? Elle repose sur l'existence de la *laccase*, que découvrit G. Bertrand, et qui catalyse la fixation de l'oxygène de l'air sur un polyphénol, le laccol ; le produit d'oxydation constitue la laque, de couleur brune, insoluble dans l'eau et dans beaucoup de solvants. Faut-il citer l'industrie du fromage et l'utilisation de la *présure* ? L'industrie du cuir ? On y emploie des *protéases* : elles dégradent l'élastine et la kératine des peaux, mais n'attaquent pas le collagène ni les fibres élastiques du derme en général. C'est par ce procédé qu'on prépare les cuirs souples de la maroquinerie (le box-calf, le maroquin, le mouton...), ceux de la ganterie et ceux de l'industrie des chaussures...

IV. — Les enzymes en médecine et en pharmacie

L'étude des enzymes peut apporter au médecin des indications précieuses pour le *diagnostic*. Les variations d'activité des enzymes de la digestion par exemple sont imputables à des causes pathologiques, et comme on peut se procurer par sondage les sucs gastrique ou même pancréatique, il est facile d'en suivre l'évolution. Sous l'effet du cancer en particulier, la sécrétion de pepsine diminue ou s'annule. Mais ce sont surtout les enzymes du sang qui sont sensibles aux variations pathologiques de l'organisme : l'amylase du sang, qui présente une activité assez constante chez les êtres normaux, augmente dans les maladies du pancréas, au cours de la scarlatine, de la diphtérie... et diminue dans le diabète ; la phosphatase acide, ordinairement très peu active, s'accroît considérablement dans les cancers de la prostate ; la cholinestérase augmente d'activité pendant la constipation chronique et l'hyperthyroïdisme. La toxicologie est bien souvent l'équivalent de la pathologie expérimentale des enzymes.

On connaît de plus en plus de maladies métaboliques qui sont dues à des enzymes. Citons, parmi d'assez nombreux exemples possibles, le cas de *l'oligophrénie phénylpyruvique*, forme de débilité mentale qui résulte d'un trouble du métabolisme de la tyrosine : la phénylalanine qui fournit normalement de la tyrosine, est transformée dans cet exemple en acide phénylpyruvique. L'hyperplasie surrénale congénitale (syndrome adréno-génital) que Wilkins notamment a étudié et qui se manifeste par du *virilisme*, chez la femme ou chez l'enfant, paraît due à un trouble (où des enzymes ont une part prédominante) de la formation des stéroïdes dans l'organisme.

L'*anémie hémolytique* par déficience en glucose-6 phosphate déshydrogénase est un exemple parmi d'autres d'erreur innée du métabolisme. Elle affecte les globules rouges, frappe l'homme et est transmise par les femmes comme l'hémophilie.

La thérapeutique elle-même utilise de plus en plus d'enzymes. La *trypsine* s'emploie en chirurgie : elle détruit les tissus morts des plaies et favorise la cicatrisation ; la *thrombase* (enzyme de coagulation) est utilisée pour favoriser la coagulation, sous forme de gels imprégnés de l'enzyme qu'on laisse en place dans les plaies. Elle permet d'arrêter une hémorragie après extraction dentaire où la ligature des vaisseaux est impraticable.

Les effets de certains médicaments s'expliquent par les incidences qu'ils ont sur les enzymes. C'est généralement un effet d'inhibition. L'uréthane inhibe les déshydrogénases par exemple. Quant aux enzymes qu'on emploie directement et dont nous venons de citer des exemples, ce sont bien souvent des *protéases* : la pepsine, la trypsine, la papaïne se prennent parfois par voie buccale pour suppléer à l'insuffisance de la sécrétion des sucs digestifs correspondants. On les prépare en pharmacie, comme beaucoup d'autres enzymes d'ailleurs.

En conclusion, il est certain que la médecine bénéficiera plus que toute autre discipline des connaissances nouvelles qui seront acquises dans les années à venir concernant les enzymes. Les lacunes que les chercheurs sont en train de combler concernent trois domaines : 1° Le contrôle de la production enzymatique par les gènes ; 2° Le contrôle de l'activité enzymatique ; 3° La structure précise des principales enzymes, ce dernier point devant conduire à la synthèse d'enzymes.

BIBLIOGRAPHIE SOMMAIRE

Advances in Enzymologia, N.Y., Interscience Publishers.
Annuals Reviews of Biochemistry.
BERGMEYER (H. U.). *Methods of Enzymatic Analysis*, Academic Press, 4 vol., 1974.
BERNHARD (S. A.), *Structure et fonction des enzymes*, Ediscience, 1971.
BOYER (P. D.), LARDY (H.) et MYRBÄCK (K.) (éd.), *The Enzymes*, 3e éd., 7 vol., Academic Press, 1970-1973.
COLOWICK (S. P.) et KAPLAN (N. O.) (éd.), *Methods in Enzymology*, 31 vol., Academic Press, 1955-1974.
Conférences du Centre de Perfectionnement technique (Diastases et Industrie), Presses documentaires, Paris, 1943.
Enzyme Nomenclature, Recommendations 1964 of the International Union of Biochemistry, Elsevier, 1965.
FLORKIN (M.) et STOTZ (E.). *Comprehensive Biochemistry*, vol. 13, *Enzyme Nomenclature*, Elsevier, 1965.
HARPER (H. A.), *Précis de Biochimie*, Presses univ. Laval, 4e éd. franç., 1977.
KARLSON (P.), *Biochimie*, Doin, 1964.
KRUH (J.), *Biochimie. Etudes médicales et biologiques*, Hermann (Paris), 1971.
MESSING (R. A.), *Immobilized enzymes for industrial reactors*, Academic Press, 1975.
PENASSE (L.), *Les enzymes : cinétique et mécanisme d'action*, Masson, 1974.
REED (L. J.) et COX (D. J.), Macromolecular Organization of enzyme Systems, *Ann. Rev. Bioch.*, 35-57, 1966.
ROODYN (D. B.), *Enzyme cytology*, Academic Press, 1967.
WEBB (J. L.), *Enzyme and Metabolic Inhibitors*, 2 vol., Academic Press, 1966.
WEBER (G.) (éd.), *Advances in Enzyme Regulation*, vol. 1-6, Pergamon, 1963-1969.
WILKINSON (J. H.), Clinical significance of enzyme activity measurements, *Clin. chem.*, *16*, 882, 1970.

TABLE DES MATIÈRES

Imprimé en France
Imprimerie des Presses Universitaires de France
73, avenue Ronsard, 41100 Vendôme
Février 1983 — N° 28 611